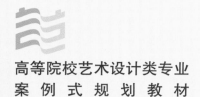

高等院校艺术设计类专业
案例式规划教材

人体工程学

■ 刘 星 张湘晖 编著

U0370354

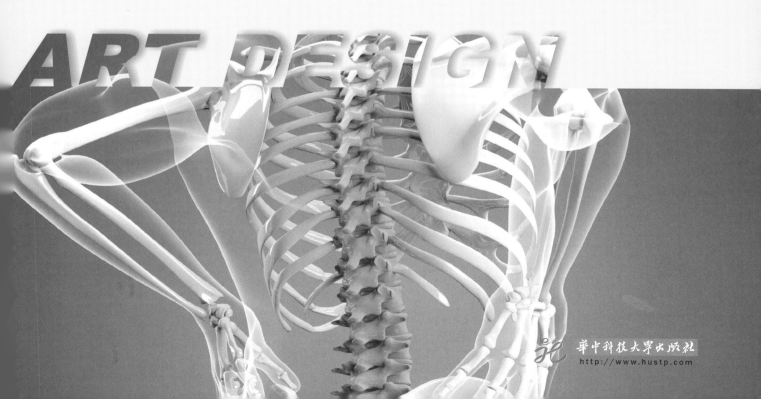

ART DESIGN

华中科技大学出版社
http://www.hustp.com

内 容 提 要

　　本书讲解了室内外设计中涉及的人体工程学的基础理论、人与环境等内容，通过实例来介绍人体工程学在各种室内空间设计中的运用，着重探讨如何应用人体工程学在室内外设计中为人们创造经济、舒适、安全、卫生的环境。全书共分为八章，每章均包含章节导读、本章小结及思考与练习，让读者更好地掌握所学知识。

图书在版编目（CIP）数据

人体工程学 / 刘星，张湘晖编著 .—武汉：华中科技大学出版社，2017.9（2022.8重印）
高等院校艺术设计类专业案例式规划教材
ISBN 978-7-5680-3027-4

Ⅰ . ①人… Ⅱ . ①刘… ②张… Ⅲ . ①工效学 - 高等学校 - 教材 Ⅳ . ① TB18

中国版本图书馆 CIP 数据核字 （2017）第 144990 号

人体工程学
Renti Gongchengxue
　　　　　　　　　　　　　　　　　　　　　刘 星　张湘晖 编著

策划编辑：曾仁高

责任编辑：曾仁高

封面设计：原色设计

责任校对：曾　婷

责任监印：朱　玢

出版发行：华中科技大学出版社（中国·武汉）　　电话：（027）81321913
　　　　　武汉市东湖新技术开发区华工科技园　　邮编：430223

录　　排：武汉楚海文化传播有限公司

印　　刷：湖北新华印务有限公司

开　　本：880mm×1194mm　1/16

印　　张：10

字　　数：217 千字

版　　次：2022 年 8 月第 1 版第 3 次印刷

定　　价：58.00 元

本书若有印装质量问题，请向出版社营销中心调换
全国免费服务热线：400-6679-118　竭诚为您服务
版权所有　侵权必究

前言
Preface

　　人体工程学是环境艺术专业一门重要的基础课程，环境艺术设计与人类生活息息相关，它是通过艺术设计的方法对室内外环境进行规划、设计，本身具有艺术与科学的双重属性，文理兼具，是一门典型的综合性、边缘性的学科。人体工程学和环境艺术设计在思想和内容上有很多共同点，研究的对象都是人与环境，二者相互依存，相互联系，都是为了满足人的生活和工作的需要。因此，人体工程学在环境艺术设计专业的学习中占有很重要的地位。

　　随着现代社会的迅速发展，人们的思维方式发生了巨大变化，人们不仅对物质生活的要求越来越高，而且在使用产品的过程中，不仅要求产品本身好用、易用，而且更加注重感官上舒适与愉悦，这就需要设计师在设计创新过程中必须符合人体工程学的相关原理。

　　现有的有关人体工程学的书籍，大部分都以工业设计专业的人体工程学为基础，真正适合环境艺术专业的很少，而且各类书籍的侧重点不同，差异性较大，缺乏对环境艺术设计专业的学生的指导意义，对不断变化的教学风格也不适应。由于人体工程学起源于工业技术领域，理论系统较为庞大，而且在环境艺术设计专业的其他课程的学习并没有做到与人体工程学真正相互融合，对人体工程学的应用，在很多情况下只是流于形式，没有真正引导学生去深入思考。各个学科之间无法建立联系，导致学生思维也不成体系。

　　本书总结这些问题，全面分析人体工程学的概念及应用。在内容选择上，结合国内教育情况及专业特点，考虑学生的接受能力；在编写上，循序渐进，不夸大其词，从最基本的着手，讲述人体工程学在住宅设计、商业设计、办公设计、展示设计、景观设计中的应用。本书不仅可以作为普通高等院校的教材，也可以作为供室内外设计、施工人员参考的工具书。

本书由刘星、张湘晖编著，朱永杰参与编写。具体的编写分工为：第一章、第二章、第三章由刘星编写；第四章、第五章、第六章由张湘晖编写；第七章、第八章由朱永杰编写。本书在编写时还得到了王欣、戴陈成、刘波、刘惠芳、刘敏、刘峻、刘涛、刘艳芳、刘忍方、卢丹、陆焰、罗浩、吕菲、毛婵、马一峰、彭尚刚、祁焱华、秦哲等人的帮助，在此表示感谢。

编者

2017 年 5 月

目录
Contents

第一章
认识人体工程学

学习难度：★★☆☆☆

重点概念：人体工程学　发展　研究方法　意义

章节导读

人体工程学是研究人在某种工作环境中的解剖学、生理学和心理学等方面的各种因素，研究机器及环境的相互作用，研究在工作中、家庭生活中和休假时怎样统一考虑工作效率、人的健康、安全和舒适等问题的学科。当代社会，人们对生活环境提出更高的要求，设计师就要根据人体工程学的专业知识，结合实际，设计出令人满意的空间，提高人们的生活品质。人体工程学在我国处于发展阶段，接下来让我们初步认识人体工程学。

第一节
人体工程学的概念

　　人体工程学是一门涉及面很广的边缘学科，它吸收了自然科学和社会科学的广泛知识内容，是人体科学、环境科学和工程科学相互渗透的产物。首先，它是一种理念，以人为出发点，根据人的心理、生理和身体结构等因素，研究人、机械、环境之间的相互关系，以保证人们安全、健康、舒适地工作，并取得满意的工作效果。其次，它是一门关于技术与人的身体协调的科学，即如何通过技术让人类在室内空间活动中感到舒适，通过色彩、空间设计、饰品装饰等来让人类得到生理和心理上的满足（图1-1、图1-2）。

　　人体工程学"ergonomics"由两个希腊词根"ergo"和"nomics"组成。"ergo"的意思是"出力、工作"，"nomics"表示"规律、法则"。因此，"ergonomics"的含义也就是"人出力的规律"或"人工作的规律"。千叶大学小原教授认为："人体工程学是探知人的工作能力及极限，从而使人所从事的工作趋向适应人体解剖学、生理学、心理学的各种特征。"国际人类工效学学会给人体工程学下的定义是，人体工程学是一门"研究人在某种工作环境中的解剖学、生理学和心理学等方面的各种因素；研究人和机器及环境的相互作用；研究在工作中、家庭生活中和休假时怎样统一考虑工作效率、人的健康、安全和舒适等问题的科学"（图1–3、图1–4）。

人体工程学的名称多种多样，欧洲称之为人类工效学，美国称之为人类工程学，俄罗斯称之为工程心理学，日本称之为人间工学，在我国常见的名称还有人机工程学、人类工效学、人－机－环境系统工程、人类工程学等。同学科命名的不一样，学科的定义也不同。在不同的研究领域，带有侧重和倾向性的定义很多，并且随着科学技术的发展，其定义也随之变化。

图 1-1　室内空间色彩搭配

图 1-2　房间内色彩搭配

图 1-3　草坪上玩耍

图 1-4　公园中的椅子供人们休息

第二节

人体工程学的发展

人体工程学起源于欧洲，形成和发展于美国。自工业革命后，人们逐渐对生活及工作条件有了要求，安全、舒适、健康是大家的普遍追求。人体工程学可以称为一种科学劳动，目的是通过合理安排来减少人力物力，达到人们满意的效果。

一、发展阶段

1. 概念初显雏形

①人机思想的萌芽：人类祖先对实用性和提高生活、改善工作条件的关注。如明代著名戏曲家李渔设计的暖椅和凉杌（图1-5）。

②以人为中心的设计理念萌芽，以人体特性作为认识所有东西的测量尺度。

③基于对人的良好认知进行设计的迹象。古希腊人有很好的人类学知识，他们利用人体各部分的相对比例关系作为设计的基本比例。比如，庙宇圆柱的高度是其柱脚直径的8倍，而8：1正是女性身高和脚长之比。由于了解人的视错觉特性，古希腊建筑设计师在设计建筑物时充分利用视错觉，给观者特别的感觉。例如，帕特农神庙的柱子（图1-6）。

2. 四个时期

人体工程学从诞生至今，可分为四个发展时期。

①**萌芽期，19世纪末至第一次世界大战**。泰勒的手工工具设计特点和作业效率的关系研究，开创了实践研究，吉尔布瑞斯倡导的实验心理学应用于生产实践，在工业社会开始大量生产和使用机械设施的情况下（图1-7），探求人和机械之间的协调关系。

②**初兴期，第一次世界大战至第二次世界大战**。战争使得男人都上了战场，女人必须参加生产劳动才能满足战争的庞大需求，因此，当时工作疲劳和工作效率及如何加强人在战争中的有效作用成为研究主题。

③**成熟期，第二次世界大战至20世纪60年代**。科学技术的迅猛发展，导致了复杂的武器、机器的产生，第二次世界大战中的军事科学技术，开始运用人体工程学的原理和方法，在坦克、飞机的内腔设计中，使人能在舱内有效地操作和战斗，

图1-5　暖椅

图1-6　古希腊帕特农神庙

并尽可能使人长时间地在狭小空间内减少疲劳，即处理好人－机－环境的协调关系。第二次世界大战后，各国把人体工程学的实践和研究成果，迅速有效地运用到空间技术、工业生产、建筑及室内设计中，1960年创立了国际人体工程学协会。因此人体工程学的研究主题由"人适应机器"变成如何使"机器适应人"，以减少人的疲劳、人为错误，提高作业效率。

④**深化期，20世纪70年代以来。**这一阶段该学科开始渗透到人类工作生活的各个领域，同时自动化系统、人机信息交互、人工智能等都开始与科学紧密联系。社会发展向后工业社会、信息社会过渡，重视"以人为本"，为人服务。人体工程

学强调从人自身出发，在以人为主体的前提下研究人们的衣、食、住、行等一切生活、生产活动（图1-8～图1-10）。

二、人体工程学未来发展趋势

21世纪人类步入了信息时代，人体工程学必然向着信息化、网络化、智能化的方向发展。虽然人体工程学的研究人员主要来自心理学和预防医学等专业，但它却是实用性极强的一个专业，主要应用到工业设计的各个方面，我们这里主要讲各种空间的环境设计。座椅、卧具等都离不开人体工程学，未来人们选择产品时，需要更舒适、更健康、更高效的生活用品。有时，设计者无需专门的知识，也会根据

图1-7 开始使用自行车等机械

图1-8 现代化生产工具

图1-9 现代化清扫工具

图1-10 现代化交通工具

亲身的体验和常识自觉遵循；有时，设计者则可能对使用者的需求特点难以把握或者视而不见，既影响产品使用的效能，也会使产品在竞争中处于劣势（图1-11、图1-12）。所以，引进人体工程学的设计理念，学习有关的标准规范并实践，对于我国人体工程学的发展来说，是一个必要的过程。

在技术变化迅速，产品生命周期缩短的现在和未来，人体工程学作为一门研究使用者生理、心理特点及其需求，并通过相应的设计技术予以满足的科学，在激烈的市场竞争中其地位将会更加巩固。加强人体工程学相关课题的研究，开发和设计便于人们使用的产品，对国家或企业的发展，有着不可忽视的意义。

图1-11　人体工程学的应用（一）

图1-12　人体工程学的应用（二）

中外人体工程学

小/贴/士

我国关于人体工程学的研究起步比较晚，目前正处于发展阶段。我国关于人体工程学的研究在20世纪30年代才开展，在我国这个领域最标准的术语是"人类工效学"，1980年4月，国家标准局（现国家标准化管理委员会）成立了全国人类工效学标准化技术委员会，统一规划、研究和审议全国有关人类工效学的基础标准。1984年，国防科工委成立了国家军用人－机－环境系统工程标准化技术委员会。1991年正式成为国际人类工效学协会的成员，在1995年9月创立《人类工效学》季刊。

在国外，人体工程学设计原则对于产品设计者和使用者来说都已成为常识。20世纪初，美国学者泰勒的科学管理方法与理论是人体工程学发展的奠基石。1950年英国成立了世界上第一个人类工效学学会，其名称为"英国人类工效学协会"。1957年9月美国政府创办了"人的因素学会"。1961年建立了"国际人类工效学协会"，并在瑞典首都斯德哥尔摩召开了第一次国际会议。当时参会的有15个联合协会，来自美国、英国、日本、澳大利亚等国。1964年日本建立了"日本人间工学会"。苏联在20世纪60年代就开始研究工程心理学，并大力发展人类工效学标准化方面的研究。

第三节
人体工程学的研究

一、人体工程学的研究内容

人体工程学的研究包括理论和应用两个方面，目前本学科研究的总趋势以应用为重。虽然各国对于人体工程学研究的侧重点不同，但纵观本学科在各国的发展历程，可以看出本学科研究内容有如下一般规律：总体来说，工业化程度不高的国家往往是从人体测量、环境因素、作业强度和疲劳等方面着手研究，随着这些问题的解决，才转到感官知觉、运动特点、作业姿势等方面的研究，然后再进一步转到操纵、显示设计、人机系统控制以及人体工程学原理在各种工程设计中的应用等方面的研究，最后则进入人体工程学的前沿领域，如人机关系、人与环境的关系、人与生态等方面的研究（图 1-13 ～图 1-16）。

人体工程学研究的主要内容可概括为以下几方面。

（1）人体特性的研究。

人体特性的研究探讨的主要是在设计中与人体有关的问题。如人体形态特征参数、人的感知特性、人的反应特性等。

（2）人机系统的总体设计。

人机系统工作效能的高低首先取决于它的总体设计，也就是要在整体上使机器与人体相适应。

（3）工作场所和信息传递装置的设计。

工作场所设计合理与否，将对人的工作效率产生直接影响。研究作业场所设

图 1-13　降低工伤发生率

图 1-14　工厂安全升级

键盘的设计更加适应手的自然放置状况，可以缓解手的疲劳。

图 1-15　蝴蝶型键盘

图 1-16　智能坐便器

计的目的是保证物质环境适应于人体的特点，使人以无害于健康的姿势从事劳动，既能高效完成工作，又感到舒适。

（4）环境控制与安全保护设计。

对设计师而言，人体工程学应用研究主要分为动作、工业产品及人机界面研究；环境条件、环境心理、环境行为、作业空间研究；视觉传达、家具、服装等领域的应用研究；人的情感因素、能力及作业研究。

二、人体工程学与设计的关系

人体工程学可以说是设计的基石之一。人体工程学的引进对于设计行业来说可以用革命来形容。例如现代建筑的设计中将人体再深入到建筑本身中去，不再是仅仅从美学角度去考虑，而是深入到使用功能上。仅从室内环境设计这一范畴来看，人体工程学具有如下作用。

（1）人体工程学是确定人和人在室内活动所需空间的主要依据。

根据人体工程学中的有关计测数据，从人的尺度、动作域、心理空间及人际交往的空间等方面确定空间范围（图1-17、图1-18）。

（2）人体工程学是确定家具、设施的形体、尺度及适用范围的主要依据。

家具设施为人所使用，因此它们的形体、尺度必须以人体尺度为主要依据；同时，为了使用这些家具和设施，其周围必须留有活动和使用的最小余地（图1-19），这些要求都由人体工程学科学地予以解决。室内空间越小，停留时间越长，对这方面内容测试的要求也越高，例如车厢、船舱、机舱等交通工具内部空间的设计。

（3）人体工程学提供适应人体的室内物理环境的最佳参数。

室内物理环境主要有室内热环境、声环境、光环境、重力环境、辐射环境等，有了上述要求的科学的参数后，在设计时做正确决策的可能性就大一些。

（4）人体工程学为室内视觉环境设计提供科学依据。

人眼的视力、视野、光觉、色觉是视觉的要素，人体工程学通过计测得到的数据，对室内光照设计、室内色彩设计、视觉最佳区域的确定等提供了科学的依据（图1-20）。

图1-17　人在室内活动（一）

图1-18　人在室内活动（二）

图 1-19　家具的摆放　　　　　　　　　　图 1-20　室内光线

人体工程学的研究方法

目前常用的人体工程学研究方法有以下几种。

（1）观察法。

为了研究系统中人和机的工作状态，常采用各种各样的观察方法，如工人操作动作分析、功能分析等。

（2）实测法。

实测法是一种借助于仪器设备进行实际测量的方法。

（3）实验法。

实验法是当实测法受到限制时采用的一种研究方法，一般是在实验室进行，也可以在作业现场进行。

（4）模拟和模型试验法。

由于机器系统一般比较复杂，因而在进行人机系统研究时常采用模拟的方法。

（5）计算机数值仿真法。

数值仿真是在计算机上利用系统的数学模型进行仿真性实验研究。

第四节
人体工程学的应用

　　凡是涉及与人有关的事和物，就会涉及人体工程学问题。随着人体工程学与有关学科的结合，出现了许多的相关学科，如研究工业产品装潢设计，便产生了技术美学；研究机械产品设计，产生了人机工效学；研究医疗器械，产生了医学工效学；研究人事管理，产生人际关系学；研究交通管理，产生安全工效学；研究建筑设计，产生建筑工效学；等等。具体应用如下。

　　（1）人体测量和工作空间设计，姿势和生物力学负荷研究，与工作有关的骨骼、肌肉管理问题，健康人机工程（图1-21），安全文化与安全管理，安全文化评价与改进。

　　（2）认知工效学和复杂任务，环境人机工程认知技能和决策研究，环境状况和因素分析，工作环境人机工程。

　　（3）计算机人机工程，显示与控制布局设计，人机界面设计与评价软件人机工程，计算机产品和外设的设计与布局，办公环境人机工程研究，人机界面形式。

　　（4）人的可靠性调查研究，法律人机工程，伤害原因，诉讼支持。

　　（5）工业设计应用，医疗设备（图1-22），座椅的设计与舒适性研究，家具分类与选择，工作负荷分析。

　　（6）管理与人机工程，人力资源管理、工作程序、人机规则和实践、手工操作负荷。

　　（7）办公室人机工程与设计，医学人机工程，办公室和办公设备设计，心理生理学，行为标准，三维人体模型。

　　（8）系统分析，产品设计与顾客，军队系统，组织心理学，产品可靠性与安全性，服装人机工程，三维人体模型、军队人机工程，自动语音识别。

　　（9）人机工程战略，社会技术系统，暴力评估与动机。

　　（10）可用性评估与测试，可用性审核，可用性评估，可用性培训，试验与验证，仿真与试验，仿真研究，仿真与原型。

图1-21　耳机的设计

图1-22　治疗近视

人体工程学从人对产品的直接体验开始，就比如哪件衣服比较合身，哪顶帽子比较好看。前者涉及产品与使用者身材的适应，后者涉及与使用者心理的适应。由于衣帽产品的悠久历史和激烈的竞争，衣帽设计者已经潜移默化地懂得量体裁衣的道理，他们自觉地改进服装的样式、风格和质地，以迎合使用者的各方面需要。人体工程学的原则已经融合到整个设计过程之中，甚至已不必特别说明就会得到自觉遵循。

第五节
人体工程学的意义

人体工程学有关于人体结构的诸多数据对设计起到了很大的作用，了解了这些数据之后，在设计产品时就能够充分地考虑这些因素，做出合适的选择，并考虑在不同空间与围护的状态下，人们动作和活动的安全，以及对大多数人的适宜尺寸，并强调静态和动态时的特殊尺寸要求。同时，为了使用家具和设施，其周围必须留有活动和使用的最小余地，这样才不会使得活动在其中的人感觉约束、拘谨。另外，颜色及其布置方式都必须符合人体生理、心理尺度及人体各部分的活动规律，以便达到安全、实用、方便、舒适与美观的目的。

工业设计师指出，就计算机的相关部件和设备而言，如键盘、鼠标等输入装置（图1-23、图1-24），因使用者可能长时间利用其从事工作或娱乐，因此，符合

人体工程学就成了设计上最主要的要求之一。

人体工程学主要研究科技、空间环境与人类之间的交互作用。在实际的工作、学习和生活环境中，人体工程学者应用上述学科知识进行设计，以达到人类安全、舒适、健康、工作效率提高的目的。

在我们生活的周围，与人体工程学相关的东西随处可见。家具、计算机、键盘、笔、垃圾箱等大部分物品或多或少地体现着人体工程学的应用。正因为这些运用，才使得我们的生活如此方便与舒适。

图1-23　鼠标的设计

图1-24　键盘的设计

小／贴／士

人体工程学对企业的意义

对于企业来说，应用人体工程学进行设计，可以使产品实现较高的效能和满意度，提高产品竞争能力。例如，同样面积和层高的住宅，好的布局设计更能赢得购买者的喜爱，因此就需要研究了解住户的活动方式及其对空间的需求。我国企业的优势，主要在于人力成本较低；劣势则在于缺乏新产品的设计开发能力。产品应该如何创新设计，以赢得消费者的喜爱，人体工程学正好可以提供这方面的指导，它为企业的设计开发部门提供了设计依据。

应用人体工程学进行设计时存在的问题。一是有的技术指标本身实现起来可能是困难的。例如，手机的电磁辐射对人体存在危害，那么，这种危害有多大，如何防护，如何减少辐射，需要企业投入人力、物力研发相关的技术。二是某些技术指标的实现是以降低其他指标为代价的。如可调节高度的椅子比固定高度的椅子有更好的人体工程学特性，但是结构自然更复杂，也更容易损坏。我们能够看出为了让工作更高效、更舒适，产品的设计应该以满足人的生理和心理的需求为出发点。

第六节
案例分析

一、软座

厚达十几厘米的坐垫相较于普通坐垫更加柔软，便于体验慵懒，宽厚的靠背增添倚靠的惬意。坐垫直接接触地板的设计让使用者心里踏实，身心放松（图1-25）。

二、多功能变形桌椅

桌子侧面的木板可以打开，给人们带来很多方便。白色、蓝色和原木色的搭配，清新明快，设计简洁大方，带来大自然的感觉，让人轻松愉快（图1-26）。

三、子宫椅

由美国著名建筑设计师和工业设计师埃罗·沙里宁设计的子宫椅，给人带来强劲的视觉冲击力，椅身包裹着柔软的羊绒布。坐在上面有一种被椅子轻轻地拥抱的感觉，舒适性和安全感突出（图1-27）。

四、Bloom 休闲椅

由设计师 Kenneth Cobonpue 设计的 Bloom 休闲椅，以人造纤维做成的柔软褶皱拼合在一个碗状的树脂基座上，底部是钢制的圆盘。整张椅子的外形如一片荷叶，给人与众不同的感觉（图1-28）。

图 1-25　软座

图 1-26　多功能变形桌椅

椅子的外形设计类似荷叶，充满清新自然之感。

图 1-27　子宫椅

图 1-28　Bloom 休闲椅

本 / 章 / 小 / 结

　　本章分别对人体工程学的概念、发展、研究、应用以及意义做出了分析和解释。学生通过对本章的学习，能够认识到人体工程学对于人类生活的作用与意义。并且通过举例说明了人体工程学的运用范围与研究方法。在设计中，要考虑人体工程学中的相关概念，协调好人体工程学中的相关数据与产品造型之间的关系。

思考与练习

1. 什么是人体工程学?

2. 简述人体工程学的发展历程。

3. 人体工程学主要研究什么?

4. 生活中的设计离不开人体工程学,说说人体工程学与设计有什么关系。

5. 联系实际,试述人体工程学在生活中有哪些应用。

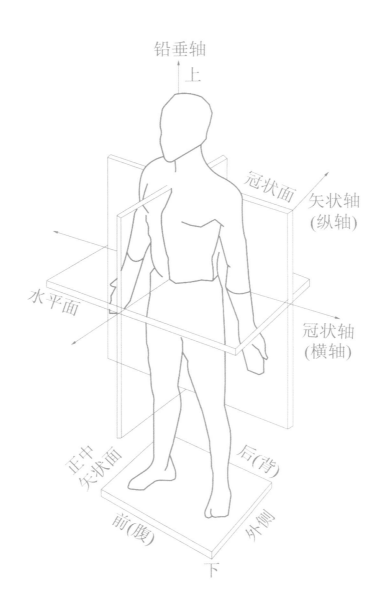

铅垂轴

上

冠状面

矢状轴
(纵轴)

水平面

冠状轴
(横轴)

正中
矢状面

后(背)

前(腹)

外侧

下

第二章
人体工程学的基础

学习难度：★★★☆☆

重点概念：人体生理学　人体心理学　人体测量学

章节导读

早期的人体工程学主要研究人和机械的关系，而现在人们更加追求健康舒适的生活环境。人体的结构和生活环境十分复杂，人能够正确地认识世界，与人的主观能动性有很大的联系。人体工程学主要建立在人体生理学、人体心理学和人体测量学的基础上，下面我们来认识一下这三大学科。

第一节
人体生理学

生理学是生物科学的一个分支，是以生物机体的生命活动现象和机体各个组成部分的功能为研究对象的一门科学。**人体生理学的任务**就是研究构成人体各个系统的器官和细胞的正常活动过程，特别是各个器官、细胞功能表现的内部机制，不同细胞、器官、系统之间的互相联系和相互作用，并阐明人体作为一个整体，其各部分的功能活动是如何相互协调、相互制约，从而能在复杂多变的环境中维持正常的生命活动过程的。

一、外部环境

整个人体可分为头、颈、躯干、四肢四个部分，这是人体生理构成的**外部环境**。

头部有眼、耳、口、鼻等器官。颈部把头部和躯干部联系起来。躯干部的前面分为胸部和腹部，后面分为背部和腰部。四肢包括上肢和下肢各一对。

①上肢分为上臂、前臂和手三部分。上臂和前臂合称臂，即胳膊。上臂和前臂

相连处后面的凸起部分叫肘。前臂和手相连的部分叫腕。上肢和躯干相连部分的上面叫肩，下面叫腋。

②下肢分为大腿、小腿和足三部分。大腿和小腿相连部分的前面叫膝，后面叫腘。小腿和足相连的部分叫踝。下肢和躯干相连部分的前面凹沟叫腹股沟。身体背面腰部下方、大腿上方的隆起部分叫臀。

二、内部环境

从整体来看，人体的物质组成成分与外部环境并没有太大的区别，不同的是物质组成的结构以及各种成分的配比关系。生命是一个统一的整体，细胞是能体现人体生命活动的最小单位，细胞和细胞间质形成组织、器官、系统，进而组成整个人体。

人体的结构和功能十分复杂，构成人体的基本成分是细胞和细胞间质。功能和结构相似的细胞和细胞间质，结合起来组成了具有特定功能的组织。各种组织又结合成具有一定形态特点和生理功能的器官，如皮肤、肌肉、心脏、肝脏、大脑等。器官组织结构特点与功能相适应。能够完成一种或几种生理功能而组成的多个器官的总和叫系统。如口腔、咽、食管、胃、肠、消化腺等组成消化系统，鼻、咽、喉、气管、支气管、肺组成呼吸系统。

整个人体可分为8个系统：运动系统、循环系统、呼吸系统、消化系统、泌尿系统、生殖系统、神经系统和内分泌系统。人体就是这样由许多器官和系统共同组成的完整的统一体，任何一个器官都不能脱离整体而生存。人体各个系统能够密切配合、

协调活动，是由于神经和体液的调节作用，特别是神经的调节作用。

第二节
人体心理学

心理学是一门研究人类的心理现象、精神功能和行为的科学，既是一门理论学科，也是一门应用学科。那它与人体有什么关系呢？与环境设计又有什么联系呢？近几十年来，人的心理健康受到广泛重视。心理因素能直接影响生理健康和作业效能，因此，人体工程学不仅要研究某些因素对人的生理的损害（例如强噪声对听觉系统的直接损伤）而且要研究这些因素对人心理的损害（如有的噪声虽不会直接伤害人的听觉，却造成心理干扰，引起人的应激反应）。

一、基本知识

"心理学"一词来源于希腊文，意思是"关于灵魂的科学"。灵魂在希腊文中也有"气体"或"呼吸"的意思，因为在古代人们认为生命依赖于呼吸，呼吸停止，生命就完结了。随着科学的发展，心理学的对象由灵魂改为心灵。

公元前5世纪，古希腊被称为西方医学之父的希波克拉底认为，人的健康是由人体内四种物质的平衡来决定的。这四种物质叫体液，即血液、黏液、黄（胆）液和黑（胆）液。人体内某种体液过多会改变人的性格甚至引起疾病。如多血质的人

乐观、自信，而体内黑胆液过多则使人伤心、抑郁。心理学是研究行为和心理活动的学科。19 世纪末，心理学成为一门独立的学科，到了 20 世纪中期，心理学才有了相对统一的定义。

心理学研究涉及知觉、认知、情绪、人格、行为、人际关系、社会关系等许多领域，也与日常生活的许多领域——家庭、教育、健康、社会等发生关联。心理学尝试用大脑运作来解释个体基本的行为与心理机能，尝试解释个体心理机能在社会行为与社会动力中的角色；同时它也与神经科学、医学、生物学等学科有关，因为这些学科所探讨的生理作用会影响个体的心智。

心理是看不见、摸不着的，心理现象才是可以观测的具体对象。心理是大脑神经细胞内在的生理活动，心理现象是这一活动的外在反映。例如，当眼睛遇到强光时会眯起来，耳听到巨响时，身子会一颤，鼻闻到异臭时会皱眉，手接触到高温时会缩回等等。这说明了神经细胞通过感觉器官接收了刺激的信号产生了内在的活动，也可以说是低级的心理活动，是种简单的感觉。

最初的心理现象发生是通过感觉引起的，但当大脑神经细胞积累到一定量的感知觉信号、信息后，心理活动就可以不依赖感觉而发生。如果一个幼儿从小就与光线、声音、人群隔绝，或从小就脱离了人群，那么长大成人后，就不会有正常心理的发生。因此心理现象的发生起始于知，然后就有了情和意以及形成个性心理。

二、研究目的

1. 认识世界

学习心理学，可以加深人们对自身的了解。通过学习心理学，人们可以知道自己为什么会做出某些行为，这些行为背后究竟隐藏着什么样的心理活动，以及自己的个性、脾气等特征又是如何形成的，等等。例如，学习了遗忘规律，人们就可以知道自己以往记忆单词的方法存在哪些不足。

同样，把**心理活动规律**运用到人际交往中，通过他人的行为推断其内在的心理活动，从而获得对外部世界的更准确的认知。例如，作为教师，如果了解学生的知识基础和认知水平以及吸引学生注意力的条件，就可以更好地组织教学，收到良好的教学效果。

2. 协调行为

心理学除有助于对心理现象和行为做出描述性解释外，它还向我们指出了心理活动产生和发展变化的规律。人的心理特征具有相当的稳定性，但同时也具有一定的可塑性。因此，人们可以在一定范围内对自身和他人的行为进行预测和调整，也可以通过改变内在及外在的因素实现对行为的调控。也就是说，可以尽量消除不利因素，创设有利情境，引发自己和他人的积极行为。例如，当发现自己存在一些不良的心理品质和习惯时，就可以运用心理活动规律，找到诱发这些行为的内外因素，积极地创造条件改变这些因素的影响，实现自身行为的改造。再如，奖励和惩罚就是利用条件反射的原理，在培养儿童的良好习惯和改造儿童的不良行为方面发挥着重要的作用。

3. 指导工作

心理学分为理论研究与应用研究两大部分，理论心理学以间接方式指导着人们的各项工作，而应用研究的各个分支在实际工作中则可以直接起作用。教师可以利用教育心理学的规律来改进自己的教学实践，或者利用心理测量学的知识设计更合理的考试试卷等；商场的工作人员利用消费和广告心理学的知识重新设计橱窗、陈设商品，以吸引更多的顾客，街上流行的"打折风"就是一个应用实例；经理利用组织与管理心理学的知识激励员工、鼓舞士气，等等。

三、心理学的发展

心理学作为一门科学和技术，诞生在100多年前的西方国家。经过100多年的发展和完善，心理学的理论和技术已经非常发达，并且影响到政治、经济、文化、艺术、宗教、企业管理、市场营销等各个方面。然而心理学在中国的发展历史并不长，自1917年陈大齐教授在北京大学建立第一个心理学实验室以来，心理学研究几经起落，从20世纪70年代后期开始就进入了前所未有的繁荣时期。我国有从全国性到地方性的各级心理科学研究所、学会，每年都有心理学专业刊物、教育类刊物出版，心理学文献在大学学报上发表，各种心理学书籍更如雨后春笋，不断涌现。在一些重点师范大学和重点综合性大学设立心理学系，培养本科生、硕士生和博士

生，而且各种心理学培训班已从学校扩散到社会，从课堂教学发展到电视教学。

国家教育部于1995年第一次发起成立高等学校（理科）心理学教学指导委员会，还在北京师范大学、杭州大学、华东师范大学建立了心理学理科基地，并决定在所有大学开设面向全体大学生的心理学公共课。1999年，国家科技部将心理学确定为18个优先发展的基础学科之一。2000年，心理学被国务院学位委员会确定为国家一级学科。这表明心理学被正式列入我国主要学科建设体系，我国的心理学教育和研究水平显著提高，并促进了心理学在社会各界的迅速普及。

四、心理与行为

心理决定行为，行为是心理的体现。从人的心理能否被感知到的角度来看，可以把心理现象区分为有意识和无意识。

1. 有意识的行为

意识就是现时正被人感知到的心理现象。我们在清醒状态下，能够意识到作用于感官的外界环境（如感知到各种颜色、声音、车辆、街道、人群等）；能够意识到自己的行为目标，对行为的控制；能够意识到自己的情绪体验；能够意识到自己的身心特点和行为特点。个人对自我的意识称为自我意识，意识使人能够认识事物、评价事物，认识自身、评价自身，并实现着对环境和自身的能动地改造。

总之，意识是人们保持生活正常的心理部分，它涉及人们心理现象的广大范围，包含着人们感知到的一切消息、观念、情

感、希望和需要等，还包括人们从睡眠中醒来时对梦境内容的意识。

2.无意识的行为

除了有意识的行为活动，人还有无意识的行为活动。例如，梦境的内容可能被我们意识到，但梦的产生和进程是我们意识不到的，也是不能进行自觉调节和控制的，无法回忆起的记忆或无法理解的情绪常归于无意识之列。偶尔，无意识中的一些东西也会闯入意识之中，诸如失言说漏了嘴、笔误等。有意识的动作或经验可能在梦境中或者神经紧张时表现为无意识的东西。

总之，**无意识活动是人反映外部世界的一种特殊形式**。人未能意识到这种反应的整个过程或它的个别阶段都归结为无意识活动。

在人的日常生活、学习和工作中，有意识的行为活动和无意识的行为活动是紧密联系着的。

第三节
人体测量学

人体测量学是一门通过测量人体各部位的尺寸，来确定个人之间和群体之间在人体尺寸上的差别的科学。人体测量学用测量和观察的方法来描述人体的特征状况，是建筑构造结构和家具设计的重要依据之一。各种机械设备、环境设施、家具、室内活动空间等都必须根据人体测量数据进行设计。

一、人体测量学内容

公元前 1 世纪，罗马建筑师维特鲁威（Vitruvius）从建筑学角度对人体尺度作了全面论述。到了文艺复兴时期，达·芬奇根据维特鲁威的描述创作了人体比例图。1870 年，比利时数学家奎特发表了《人体测量学》，创立了这一学科。直到 20 世纪 40 年代，工业化社会的发展才使人们对人体尺寸的测量有了新的认识。

人体测量学是用测量的方法来研究人体特征的科学。测量仪器一般有人体测高仪、直角规、弯脚规等，通常采用摄影法和三维数学法来测量。

1.测量范围

（1）构造尺寸。

构造尺寸指静态的人体尺寸，它是指人体处于固定的状态下测量的尺寸。它对与人体有密切关系的物体有很大联系。比如手臂长度、腿的长度、坐高等。可以测量许多不同的标准状态下和不同的部位的尺寸。构造尺寸主要为各种装具设备提供数据。静态人体测量一般用马丁测量仪测量。

（2）功能尺寸。

功能尺寸指动态的人体尺寸，也叫动态人体测量，它是人在活动时所测量得来的，包括动作范围、动作过程、形体变化等。人在进行肢体活动时，所能达到的最大空间范围，得出这个数据能保证人在某一空间内正常活动。在任何一种身体活动中，身体各部位的动作并不是独立完成的，而是协调一致的，具有连贯性和活动性。它对解决空间范围、位置问题有很多作用，如人的关节的活动、身体转动所产生的角度与肢体的长短要协调平衡。

2. 测量姿势

（1）直立姿势。

被测者挺胸直立，头部以眼耳平面定位，眼睛平视前方，肩部放松，上肢自然下垂，手伸直，手掌朝向体侧，手指贴于大腿侧面，膝部自然伸直，左右足后跟并拢，前端分开，使两足大致成45°夹角，体重均匀分布于两足。为确保直立姿势正确，被测者应使足后跟、臀部和后背与同一铅垂面相接触。

（2）坐姿。

被测者挺胸坐在被调节到腓骨高度平齐的平面上，头部以眼耳平面定位，眼睛平视前方，左右大腿大致平行，膝弯曲成直角，足平放在地面上，手轻放在大腿上。为确保坐姿正确，被测者的臀部、后背部应靠在同一铅垂面上。

3. 基准面测量

人体基准面示意如图 2-1 所示。

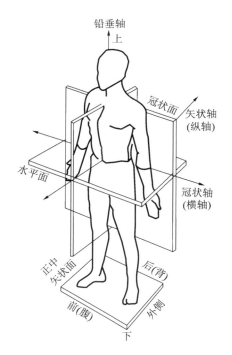

图 2-1　人体基准面

（1）矢状面。

人体测量基准面的定位是由三个互相垂直的轴（铅垂轴、纵轴和横轴）来决定的。通过铅垂轴和纵轴的平面及与其平行的所有平面都称为矢状面。

（2）正中矢状面。

在矢状面中，将人体分为左右两部分的面，不管是不是对等的，只要是左右两部分就是矢状面，而左右对等的面被称为正中矢状面。

（3）冠状面。

通过铅垂轴与横轴的平面及与其平行的所有平面都称为冠状面。这些平面将人体分为前后两个部分。

（4）水平面。

与矢状面、冠状面同时垂直的所有平面都称为水平面。水平面将人体分为上下两个部分。

（5）眼耳平面。

通过左右耳屏点及右眼眶下点的水平面称为眼耳平面，也称法兰克福平面。

4. 人体测量的主要仪器

（1）人体测高仪（图 2-2）。

人体测高仪主要用来测量身高、坐高、立姿和坐姿的眼高以及伸手向上所及的高度等立姿和坐姿时人体各部位的高度尺寸。

（2）直角规（图 2-3）。

直角规主要用来测量两点间的直线距离，特别适宜测量距离较短的不规则部位的宽度或直径。如耳、脸、手、足。

（3）弯脚规。

弯脚规用于不能直接以直尺测量的两点间距离的测量，如测量肩宽、胸厚等尺寸。

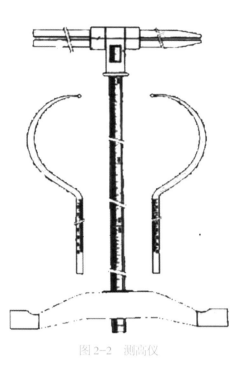

图 2-2　测高仪

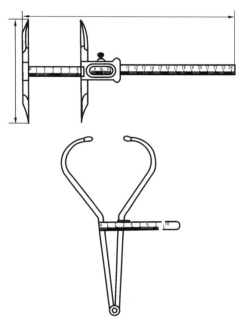

图 2-3　直角规和弯脚规

维特鲁威和《建筑十书》

小/贴/士

　　维特鲁威是公元 1 世纪初一位罗马工程师，他在总结了当时的建筑经验后编写了一部名叫《建筑十书》的论著，全书共十章。这本书是世界上保留至今的第一部完整的建筑学著作，也是现在仅存的罗马技术论著。他最早提出了建筑的三要素"实用、坚固、美观"，并且首次谈到了把人体的自然比例应用到建筑的丈量上，并总结出了人体结构的比例规律。此书的重要性在文艺复兴之后被重新发现，并由此点燃了古典艺术的光辉火焰。

二、人体测量数据

1. 人体基础数据

人体基础数据主要有以下三个方面，即有关人体构造、人体尺度及人体动作域的有关数据。

　　（1）人体构造。

　　与人体工程学关系最紧密的是运动系统中的骨骼、关节和肌肉，这三部分在神经系统支配下，使人体各部分完成一系列的运动。骨骼由颅骨、躯干骨、四肢骨三部分组成，脊柱可完成多种运动，是人体的支柱，关节起骨间连接且能活动的作用，肌肉中的骨骼肌受神经系统指挥收缩或舒张，使人体各部分协调动作。

（2）人体尺度。

它是人体工程学研究的最基本的数据之一，包括静止时的尺度和活动时的尺度。

（3）人体动作域。

人体动作域是人们在室内工作和生活中活动范围的大小，它是确定室内空间尺度的重要依据因素之一。以各种计测方法测定的人体动作域，也是人体工程学研究的基础数据。人体动作域的尺度是动态的，其动态尺度与活动情境状态有关。

室内设计时人体尺度具体数据的选用，应考虑在不同空间与围护的状态下，要以安全为前提。例如，对门洞高度、楼梯通行净高、栏杆扶手高度等，应取男性人体高度的上限，并适当加以人体动态时的余量进行设计；对踏步高度、上搁板或挂钩高度等，应按女性人体的平均高度进行设计。

2. 百分位的概念

百分位表示具有某一人体尺寸和小于该尺寸的人占统计对象总人数的百分比。

大部分人的人体测量数据是按百分位表达的，把研究对象分成一百份，根据一些指定的人体尺寸项目（如身高），从最小到最大顺序排列，进行分段，每一段的截止点即为一个百分位。以身高为例，第 5 百分位的尺寸表示有 5％ 的人身高等于或者小于这个尺寸。换句话说就是有 95％ 的人身高高于这个尺寸。第 95 百分位则表示有 95％ 的人身高等于或者小于这个尺寸，有 5％ 的人身高高于这个尺寸。第 50 百分位为中点，表示把一组数据平分成两组，较大的 50％ 和较小的 50％。第 50 百分位的数值最接近平均值，但是不能理解为有 "平均人" 这个尺寸。

用百分位表示的身高尺寸是净身高，所以设计顶棚高度时应该选用高百分点数据，因为顶棚高度一般不是关键尺寸，设计者应考虑尽可能地适应每一个人。

3. 影响人体测量数据的因素

（1）种族和环境：生活在不同国家、不同地区、不同种族、不同环境的人的人体尺寸存在差异，即使是一个国家，不同地区的人的人体尺寸也有差异。

（2）性别：对于大多数的人体尺寸，男性的比女性的要大一些（但有四个尺寸相反，即胸厚、臀宽、臀部及大腿周长）。同整个身体相比，女性的手臂和腿较短，躯干和头所占比例较大，肩部较窄，盆骨较宽，在比如用坐姿操作的岗位，考虑女性的尺寸至关重要。在皮下脂肪厚度及脂肪层在身体上的分布方面，男女也有明显的差别。

（3）年龄：身高、体重、肩宽、腹围、臀围、胸围随着年龄的增长而有不同的变化。在采用人体尺寸时，必须判断对象适合哪些年龄组，不同年龄组尺寸数据不同。身高尺寸，一般男性在 20 岁左右停止增长，女性在 18 岁左右停止增长。手的尺寸，男性在 15 岁达到一定值，女性在 13 岁左右达到一定值。脚的尺寸，男性在 17 岁左右基本定型，女性在 15 岁左右基本定型。设计工作空间时，尽量适合 20 ～ 65 岁的人。老年人的身高比年轻时的低，伸手够东西的能力不如年轻人。

（4）职业：职业的不同，在身体大

小及比例上也不同。一般体力劳动者平均身体尺寸都比脑力劳动者要大一些。

表 2-1 为不同国家人体尺寸对比表。

表 2-2 为我国不同地区人体尺寸对比表。

表 2-3 为我国不同地区人体各部分平均尺寸表。

表 2-1　不同国家人体尺寸对比表

序　号	国家与地区	性　别	身高 /cm	标准差 /cm
1	美国	男	175.5（市民）	7.2
		女	161.8（市民）	6.2
		男	177.8（城市青年，1986 年资料）	7.2
2	苏联	男	177.5（1986 年资料）	7.0
3	日本	男	165.1（市民）	5.2
		女	154.4（市民）	5.0
		男	169.3（城市青年，1986 年资料）	5.3
4	英国	男	178.0	6.1
5	法国	男	169.0	6.1
		女	159.0	4.5
6	德国	男	175.0	6.0
7	意大利	男	168.0	6.6
		女	156.0	7.1
8	加拿大	男	177.0	7.1
9	西班牙	男	169.0	6.1
10	比利时	男	173.0	6.6
11	波兰	男	176.0	6.2
12	匈牙利	男	166.0	5.4
13	捷克	男	177.0	6.1
14	非洲地区	男	168.0	7.7
		女	157.0	4.5

表 2-2　我国不同地区人体尺寸对比表

地　区	项　目	男（18～60岁） 身高 /mm	体重 /kg	胸围 /mm	女（18～55岁） 身高 /mm	体重 /kg	胸围 /mm
东北 华北	均值	1693	64	888	1586	55	848
	标准差	56.6	8.2	55.5	51.8	7.7	66.4
西北	均值	1684	60	880	1575	52	837
	标准差	53.7	7.6	51.5	51.9	7.1	55.9
华中	均值	1669	57	853	1575	50	831
	标准差	55.2	7.7	52.0	50.8	7.2	59.8
华南	均值	1650	56	851	1549	49	819
	标准差	57.1	6.9	48.9	49.7	6.5	57.6
西南	均值	1647	55	855	1546	50	809
	标准差	56.7	6.8	48.3	53.9	6.9	58.8
东南	均值	1686	59	865	1575	52	837
	标准差	53.7	7.6	51.5	51.9	7.1	55.9

表 2-3　我国不同地区人体各部分平均尺寸　　　　　　　　　　（单位：mm）

编号	部　位	较高人体地区（冀、鲁、辽）		中等人体地区（长江三角洲）		较低人体地区（四川）	
		男	女	男	女	男	女
A	人体高度	1690	1580	1670	1560	1630	1530
B	肩宽度	420	387	415	397	414	385
C	肩峰至头顶高度	293	285	291	282	285	269
D	正立时眼的高度	1513	1474	1547	1443	1512	1420
E	正坐时眼的高度	1203	1140	1181	1110	1144	1078
F	胸廓前后径	200	200	201	203	205	220
G	上臂长度	308	291	310	293	307	289
H	前臂长度	238	220	238	220	245	220
I	手长度	196	184	192	178	190	178
J	肩峰高度	1397	1295	1379	1278	1345	1261
K	1/2 上个髂展开全长	869	795	843	787	848	791
L	上身高长	600	561	586	546	565	524
M	臀部宽度	307	307	309	319	311	320
N	肚脐高度	992	948	983	925	980	920
O	指尖到地面高度	633	612	616	590	606	575
P	上腿长度	415	395	409	379	403	378
Q	下腿长度	397	373	392	369	391	365
R	脚高度	68	63	68	67	67	65
S	坐高	893	846	877	825	350	793
T	腓骨高度	414	390	407	328	402	382

三、人体尺寸数据

群体的人体尺寸数据近似服从正态分布规律，具有中等尺寸的人数最多，随着对中等尺寸偏离值加大，人数越来越少。 人体尺寸的中值就是它的平均值，以我国成年男子（18～60岁）的身高为例（图2-4）。高约 1678 mm 的中等身高者人数最多，身高与此接近的人数也较密集，身高与 1678 mm 差得越多，人数越少，由于正态分布曲线的对称性，可知中值 1678 mm 就是全体中国男子身高的平均值，且身高高于这一数值的人数和低于这一数值的人数大体相等。

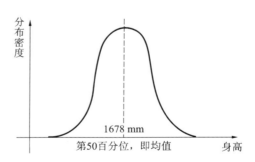

图 2-4　群体人体尺寸身高的数据近似服从正态分布规律

　　身高、体重、手长等基本的人体尺寸数据之间一般具有线性比例关系，这样通过身高就可以大约计算出人体各部位的尺寸。通常可以取基本人体尺寸之一作为自变量，把某一人体尺寸表示为该自变量的线性函数式。

$$Y=aX+b$$

式中　Y——人体尺寸数据；

　　　X——身高、体重、手长等基本人体尺寸（之一）；

　　　a，b——（对于特定的人体尺寸）常数。

这个公式对不同种族、不同国家的人群都是适用的，其中，关系式中的系数 a 和 b 随不同种族、国家的人群而有所不同。

下面是一些人体尺寸表和尺寸图（表2-4～表2-9，图2-5～图2-8）。

表2-4　基本人体尺寸表　　　　　　　　　　　　　　　　　（单位：mm）

百分位数 测量项目	男（18～60岁）					女（18～55岁）				
	1	10	50	90	99	1	10	50	90	99
身高	1545	1605	1680	1775	1815	1450	1505	1570	1640	1695
体重	45	50	60	70	85	40	45	50	65	70
上臂长	280	295	315	335	350	250	265	285	305	320
前臂长	205	220	235	255	270	185	200	215	230	240
大腿长	415	435	465	495	525	385	410	440	465	495
小腿长	325	345	370	395	420	300	320	345	370	390

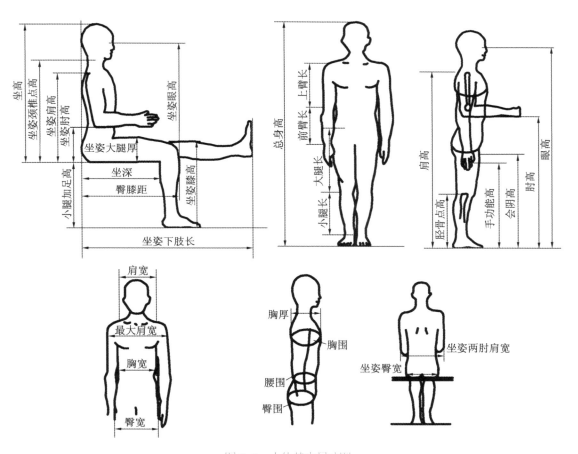

图2-5　人体基本尺寸图

表 2-5　立姿人体尺寸表　　　　　　　　　　　　　　　（单位：mm）

百分位数　测量项目	男（18～60岁）					女（18～55岁）				
	1	10	50	90	99	1	10	50	90	99
眼高	1435	1495	1570	1645	1705	1335	1390	1455	1520	1580
肩高	1245	1300	1365	1435	1495	1165	1210	1270	1335	1385
肘高	925	970	1025	1080	1130	875	915	960	1010	1050
手功能高	655	695	740	785	830	630	660	705	745	780
会阴高	700	740	790	840	885	650	685	730	780	820
胫骨点高	395	415	445	470	495	365	385	410	435	460

表 2-6　坐姿人体尺寸表　　　　　　　　　　　　　　　（单位：mm）

百分位数　测量项目	男（18～60岁）					女（18～55岁）				
	1	10	50	90	99	1	10	50	90	99
坐高	835	870	910	945	980	790	820	855	890	920
坐姿颈椎点高	595	625	655	690	720	565	585	615	650	675
坐姿眼高	730	760	795	835	870	680	705	740	775	805
坐姿肩高	540	565	595	630	660	505	525	555	585	610
坐姿肘高	215	235	265	290	320	200	225	250	275	295
坐姿大腿厚	105	115	130	145	160	105	115	130	145	160
坐姿膝高	440	465	495	525	550	410	430	460	485	505
小腿加足高	370	390	415	440	465	330	350	380	395	420
坐深	405	430	455	485	510	390	410	435	460	485
臀膝距	495	525	555	585	615	480	500	530	560	585
坐姿下肢长	890	935	990	1045	1095	825	865	910	960	1005

表 2-7　人体水平尺寸表　　　　　　　　　　　　　　　（单位：mm）

百分位数　测量项目	男（18～60岁）					女（18～55岁）				
	1	10	50	90	99	1	10	50	90	99
胸宽	240	260	280	305	330	220	240	260	290	320
胸厚	175	190	210	235	260	160	175	195	230	260
肩宽	330	350	375	395	415	305	330	350	370	385
最大肩宽	385	405	430	460	485	345	370	395	430	460
臀宽	275	290	305	325	345	275	295	315	340	360
坐姿臀宽	285	300	320	345	370	295	320	345	375	400
胸围	760	805	865	945	1020	715	760	825	920	1005
腰围	620	665	735	860	960	620	680	770	905	1025
臀围	780	820	875	950	1010	795	840	900	975	1045

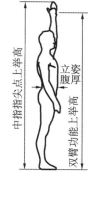

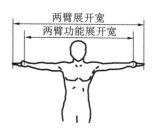

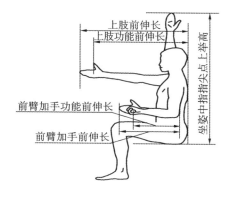

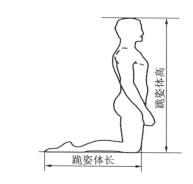

图 2-6 人体功能尺寸图

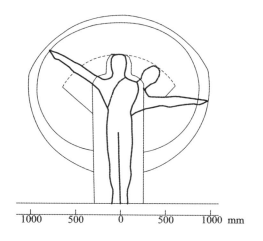

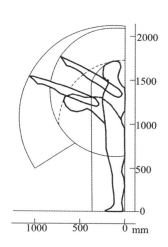

图 2-7 人体活动空间

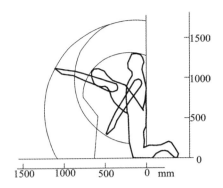

表 2-8　人体各部位尺寸与身高的比例表

序　号	名　　称	男		女	
		亚洲人	欧美人	亚洲人	欧美人
1	身高	1	1	1	1
2	眼高	0.933	0.937	0.933	0.937
3	肩高	0.844	0.833	0.844	0.833
4	肘高	0.600	0.625	0.600	0.625
5	脐高	0.600	0.625	0.600	0.625
6	臀高	0.467	0.458	0.467	0.458
7	膝高	0.267	0.313	0.267	0.313
8	腕－腕距	0.800	0.813	0.800	0.813
9	肩－肩距	0.222	0.250	0.213	0.200
10	胸深	0.178	0.167	0.133～0.177	0.125～0.166
11	前臂长（包括手）	0.267	0.250	0.267	0.250
12	肩－指距	0.467	0.438	0.467	0.438
13	双手展宽	1.000	1.000	1.000	1.000
14	手举起最高点	1.278	1.250	1.278	1.250
15	座高	0.222	0.250	0.222	0.250
16	头顶－座距	0.533	0.531	0.533	0.531
17	眼－座距	0.467	0.458	0.467	0.458
18	膝高（坐）	0.267	0.292	0.267	0.292
19	头顶高（坐）	0.733	0.781	0.733	0.781
20	眼高（坐）	0.700	0.708	0.700	0.708
21	肩高（坐）	0.567	0.583	0.567	0.583
22	肘高（坐）	0.356	0.406	0.356	0.406
23	腿高（坐）	0.300	0.333	0.300	0.333

表 2-9　人体各部位的角度活动范围（对应图 2-8）

身体部位	移动关节	动作方向	动作角度	
			编号	活动角度/（°）
头	脊柱	向右转	1	55
		向左转	2	55
		屈曲	3	40
		极度伸展	4	50
		向一侧弯曲	5	40
		向一侧弯曲	6	40
肩胛骨	脊柱	向右转	7	40
		向左转	8	40
臂	肩关节	外展	9	90
		抬高	10	40
		屈曲	11	90
		向前抬高	12	90
		极度伸展	13	45
		内收	14	140
		极度伸展	15	40
		（外观）	16	90
		（内观）	17	90
手	腕（枢轴关节）	背屈曲	18	65
		掌屈曲	19	75
		内收	20	30
		外展	21	15
		掌心朝上	22	90
		掌心朝下	23	80
腿	髋关节	内收	24	40
		外展	25	45
		屈曲	26	120
		极度伸展	27	45
		屈曲时回转（外观）	28	30
		屈曲时回转（内观）	29	35
小腿	膝关节	屈曲	30	135
足	踝关节	内收	31	45
		外展	32	50

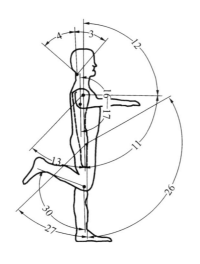
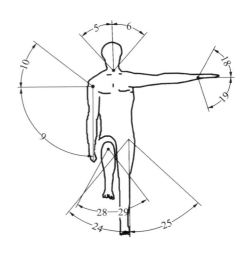
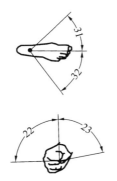
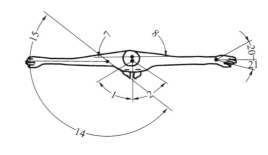

图 2-8　人体各部位角度活动图（对应表 2-9）

第四节
案 例 分 析

　　在生活中，人们总会用到身体的一些尺寸，下面介绍常用人体基本尺寸，以及一些身体测量的配图。

　　（1）身高测量示意见图 2-9。

　　（2）肩高测量示意见图 2-10。

　　（3）两肘宽度测量示意见图 2-11。

　　（4）两臂宽度测量示意见图 2-12。

　　（5）上臂长度测量示意见图 2-13。

　　（6）前臂长度测量示意见图 2-14。

　　（7）坐姿颈高测量示意见图 2-15。

　　（8）坐姿肘高测量示意见图 2-16。

　　（9）肘部高度测量示意见图 2-17。

　　（10）肩宽测量示意见图 2-18。

　　（11）坐姿手臂举高测量示意见图 2-19。

　　（12）上肢前伸长测量示意见图 2-20。

　　（13）前臂加手前伸长测量示意见图 2-21。

（14）前臂加手功能伸长测量示意见图 2-22。

（15）跪姿体高测量示意见图 2-23。

（16）跪姿体长测量示意见图 2-24。

（17）坐姿膝盖高度测量示意见图 2-25。

（18）臀膝距测量示意见图 2-26。

（19）坐姿下肢长测量示意见图 2-27。

（20）大腿厚度测量示意见图 2-28。

（21）坐深测量示意见图 2-29。

（22）胫骨点高测量示意见图 2-30。

（23）小腿长测量示意见图 2-31。

（24）大腿长测量示意见图 2-32。

图 2-9　身高

图 2-10　肩高

图 2-11　两肘宽度

图 2-12　两臂宽度

图 2-13　上臂长度

图 2-14　前臂长度

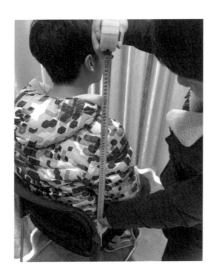

图 2-15　坐姿颈高

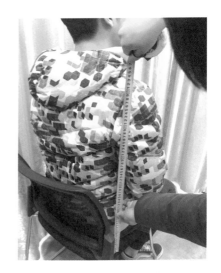

图 2-16　坐姿肘高

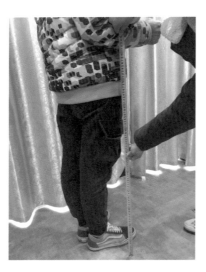

图 2-17　肘部高度

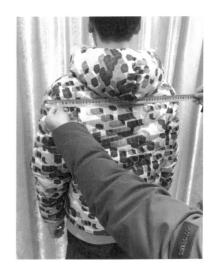

图 2-18　肩宽

图 2-19　坐姿手臂举高

图 2-20　上肢前伸长

图 2-21　前臂加手前伸长

图 2-22　前臂加手功能伸长

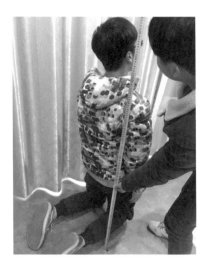

图 2-23　跪姿体高

图 2-24　跪姿体长

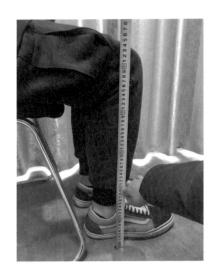

图 2-25 坐姿膝盖高度

图 2-26 臀膝距

图 2-27 坐姿下肢长

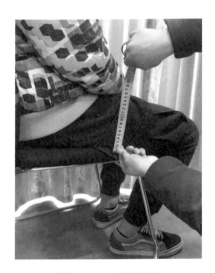

图 2-28 大腿厚度

图 2-29 坐深

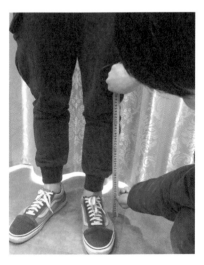

图 2-30 胫骨点高

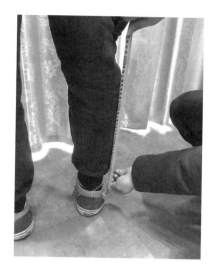

图 2-31　小腿长

图 2-32　大腿长

本 / 章 / 小 / 结

　　本章分为人体生理学、人体心理学和人体测量学三个部分。人体生理、心理和人体的形态特征是人体工程学研究的三个主要方向。人体心理、生理以及特征等各项指标能在设计中起到指导的作用，帮助设计师把握设计的方向，使得设计的作品具有更强的实用性与舒适性。因此，设计师应该针对这三个部分进行深入的研究。

思考与练习

1. 人体由哪些部分构成?

2. 研究人体心理学的目的是什么?

3. 人的行为活动与人的心理有什么联系?

4. 常用的人体测量工具有哪些?

5. 理解本章内容,联系实际测量一下自己以及身边人的身体尺寸。

学习难度：★ ☆ ☆ ☆ ☆

重点概念：环境　行为习性　感觉　环境质量

章节导读

人体工程学的任务之一就是使人与环境相互协调，使人机环境系统达到一个理想的状态。现代社会中，环境这一词被广泛应用，环境是人类生活和工作的使用区域，健康和舒适的环境是现代化生活的重要标志，追求良好的环境是人体工程学的研究目标。自然环境是人类生存发展的物质基础，人类对环境利用的同时也要保护自然环境，这不仅是人类自身的需要，更是维护人与自然和谐稳定发展的前提。

第一节
人与环境的关系

人与环境的关系，从出现环境问题之后，就呈现极其严峻的局面。当今社会，人类对于自然资源开发利用的手段日益发达，开发规模空前扩大，这给人类带来了巨大的物质财富，但是不合理的开发利用却使自然环境遭到了巨大的破坏。

一、解构环境

环境是指人们工作和生活的环境。噪声、照明、气温等环境因素会对人的工作和生活造成影响。环境包括物理环境、化学环境和社会环境等。

1. 物理环境

物理环境是指研究对象周围的环境，包括天然物理环境和人工物理环境，受空气、温度、湿度、光等因素影响（图3-1、图3-2）。室内环境与人体健康和舒适度有密切关系，改善住宅内部的空气环境主要靠通风换气，而通风不仅能为室内提供新鲜空气，排除污染空气，还能调节室内温湿度。自然条件和人工环境，如地形、气候、植被、交通和城市空间肌理等，制约着建筑入口设置、室内外联系、形态构成等方面。

2. 化学环境

化学环境指由土壤、水体、空气等的组成因素所产生的化学性质，给生物的生活以一定作用的环境（图 3-3、图 3-4）。化学是人类赖以生存的基础科学，是为人类提供材料和药品的科学，也是人类认识自然、改造自然的科学。它是其他科学得以发展的基础。现在，高科技的发展很大程度上得益于高新材料的发展，同时，高新技术也反过来促进了化学学科的发展。也就是说，化学为其他学科提供各种新材料，其他学科为化学提供新设备、新方法、新手段。

化学工程在实施过程中，很容易产生人类所不需要的副产物，因处理不当或者无法避免而影响到了环境，造成了环境污染。但是环境污染的治理，各种副产物的处理技术，又要依赖化学手段才可能得到改进，所以环境改善也需要化学。而治理、克服、控制这些污染，更是离不开化学。只有通过化学的手段才可能使其得到根本地治理。所以，可以说化学与环境是相辅相成的。

图 3-1 室内灯光照明

图 3-2 室内光环境

图 3-3 水污染（一）

图 3-4 水污染（二）

3. 社会环境

社会环境是指在自然环境的基础上，人类通过长期有意识的社会劳动，加工和改造了的自然物质，创造的物质生产体系，积累的物质文化等所形成的环境体系，是与自然环境相对的概念（图3-5、图3-6）。社会环境一方面是人类精神文明和物质文明发展的标志，另一方面又随着人类文明的演进而不断地丰富和发展。

社会环境对人们的职业生涯乃至人生发展都有重大影响。广义的社会环境，是指整个社会关系和社会风尚，狭义的仅指人类生活的直接环境，如家庭、劳动组织、学习条件和其他集体性社团等。通过对社会大环境（包括国际、国内与所在地区3个层次）的分析，来了解和认清政治、经济、科技、文化、法制建设、政策要求及发展方向，以更好地寻求各种发展机会。

社会环境对人的形成和发展进化起着重要作用，同时人类活动给予社会环境以深刻的影响，而人类本身在适应和改造社会环境的过程中也在不断变化。

二、人与环境相互作用

从原始生命的出现到人类的出现，大约经历了35亿年，生物进化是一个长期的过程，人类及其他生物的演化是地球环境演化到一定阶段的必然产物。环境和人体之间所进行的物质和能量的交换，以及环境中各种因素（物理的、化学的、生物的）对人体的作用，一般保持着平衡状态。这种平衡不是一成不变的，而是经常处于变动之中，是一种动态平衡。自然界是不

图3-5　净化社会环境

图3-6　公司文化环境

断变化的，环境的构成及状态的任何改变，都会不同程度地影响到人体的生理活动，人体又利用机体内部的调节和改造环境的外部行动，适应变化着的环境，以维持这种平衡（图3-7、图3-8）。环境为人类提供生命活动的物质基础，环境的组成成分及存在状态的任何改变都会对处于环境中的人产生影响。

在人类长期发展的历史过程中，人的生活和生产活动也以各种形式不断地对环境产生影响，使环境的组成与性质发生变化，人体的进化形成了复杂的调节机能，以适应环境的任何异常变化，只要环境条件的改变不超过人体的适应范围，就不会造成机体对环境适应力平衡的破坏，人体的健康及生活能力也就不会受到影响。但

40

图 3-7　保护环境宣传画

图 3-8　人们坐在树荫下乘凉

人体对环境变化的这种适应能力是有限的，如果环境条件出现任何激烈的异常改变（如气象条件的剧变，自然的或人为的污染），超越了人类正常的生理调节范围，就可引起人体某些功能、结构发生异常反应，甚至呈现病理变化，导致患病或影响寿命。

三、正确处理人与环境的关系

现在的社会，经济发展快速，人们为了所谓的"简便快捷"，制造出了一个又一个"工具"，而这些工具在为人类带来方便的同时，带来了更严重的环境问题（图 3-9 ～图 3-12）。

要正确处理好人与环境的关系，就要

人与环境息息相关，应与自然和谐相处，否则就会产生相应的环境问题，如恶劣气候、干旱问题、大气污染、土地沙化。

图 3-9　恶劣气候

图 3-10　干旱问题严重

图 3-11　大气污染

图 3-12　土地沙化

求人类不能仅从自己的利益出发，要承认自然环境也有自己的价值，承认自然环境也可作为道德主体，这样在伦理上人与自然应该是平等的关系。处理人与环境的道德关系应遵守公正原则、可持续发展原则、合理消费原则、和谐发展与人类解放相结合的原则。比如自觉做到垃圾分类，节约用水用电，尽量乘公交车出行，等等。

人与自然环境和谐相处，首要规则是尊重自然并意识到人类支配自然必须适度，只要在适度的范围内影响环境就可以实现和环境的和谐相处，与自然界的各物种和谐相处并保护弱势的物种，从而间接地与环境和谐相处。在自然环境对人类发展起关键作用的当下，人类在改造环境的同时又受环境的影响，与环境和谐相处就是保障人类的发展。人与环境的和谐相处既包含对立又包含统一，人类应把握好人与环境的对立统一关系，营造人与自然环境和谐相处的良好局面，促使环境适应人的生存与发展。

第二节
行为与环境

环境和人的相互作用引起人体内心的心理活动，人们为了达到自己的目的而对环境和资源所采取的行动，称为环境行为。客观环境具有多样性和复杂性，人生活在环境中既要适应环境，又要改造环境。

41

一、人的行为习性

人与社会是相生相成的有机整体。人的行为习性即长期在社会环境下所形成的特性。人在得到满足后，构成的新的环境，又将重新对人产生新的刺激和作用。人的需要得到满足是相对的、暂时的（图3-13、图3-14）。环境、行为和需要的共同作用将进一步推动环境的改变，推动建筑活动的发展。这就是人类环境行为的基本模式。

图 3-13　树木被砍伐

图 3-14　植树造林

习性将集体和个体的历史内化和具体化为性情倾向，将"历史必然性转化为性情"。因此，习性作为历史和未来之间的中介，它脱胎于过去的历史，成为一个被铸造的结构。它使得过去沉积在感知、思维和行动中的经验，复苏为鲜活的现实存在，并生成未来的生存经验和实践。因此，习性总是与社会文化母体保持广泛、深层次的联系。习性内化了个人接受教育的社会化过程，浓缩了个体的外部社会地位、生存状况、集体历史、文化传统，同时习性下意识地形成人的社会实践。因此，什么样的习性结构就代表着什么样的思想方式、认知结构和行为模式（图3-15、图3-16）。

图3-15 集体植树

图3-16 保护环境

人的行为是为了实现一定的目标、满足一定的需求，行为是人自身动机或需要做出的反应。人类在长期的生存和发展中，由于与环境的相互作用，逐步形成了许多适应环境的本能。人的行为受客观因素和主观因素影响。主观因素包括心理和生理的共同需求，而客观因素则是对外界环境做出的反应，客观环境对人的行为可能有支持作用，也可能有阻碍作用。

二、行为与空间

人的行为简单地说就是人们在每天的生活中都要做什么和怎么做。比如，起床、洗脸、梳妆、用餐等，有些活动大都相同，有些则具有偶然性。空间与人的行为常常具有直接的对应关系，例如洗脸对应着盥洗间，摆放洗手盆、洗涮台等；就餐需要对应着厨房、餐厅，摆放厨具和餐具等。

1. 功能

任何有功能需求的设计，都必须考虑使用者的行为需求。功能首先表现在要满足使用需求，任何空间都必须从大小、形式、质量等方面满足一定的用途，使人能够在其中实现行为。

房间的尺寸通常指开间和进深，考虑尺寸要考虑家具、设备的布置和人的活动（表3-1）。房间内部家具、设备的尺寸确定的直接依据是人体尺寸。

确定房间的尺寸还要考虑恰当的比例，相同面积的房间，因开间、进深的尺寸不同而形成不同的比例，一般来说，室内空间比例取 1 : 3 ~ 1 : 1.5 为宜（图3-17、图3-18）。

表 3-1　房间内部常用家具、设备尺寸 （长 × 宽 × 高　单位：mm）

	单 人 床	双 人 床	中 餐 桌	西 餐 桌
大	2000×1050×450	2000×1500×450	1200×780	1000×750
中	2000×900×420	2000×1350×420	750×750×760	1300×700×750
小	2000×850×420	2000×1200×420	—	750×750×750

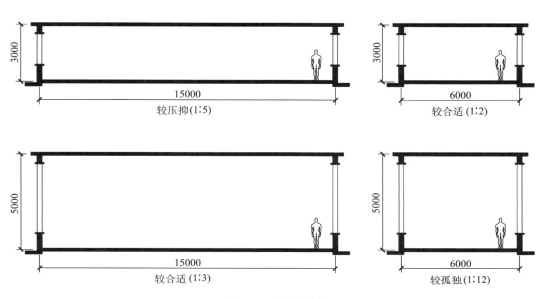

图 3-17　空间比例

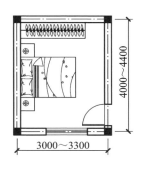
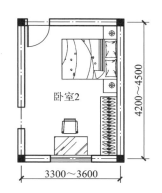
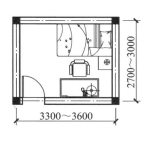

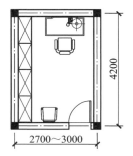
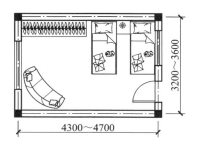
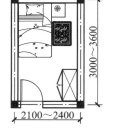

图 3-18　房间平面尺寸

44

2. 空间质量

采光面指用于采光的面积与房间面积的比例，比例越高，采光效果越好。直接采光指采光窗户直接向外开设；间接采光指采光窗户朝向封闭式走廊、直接采光厅、厨房等开设。间接采光效果不如直接采光（图3-19、图3-20）。一套住宅最好占据住宅楼的两个朝向，如板式住宅的南与北、东与西，塔式住宅的东与南、南与西等。

朝向一般是指窗户在整个房间里的位置，如"南北向"是指南边有窗户，北边也有窗户，这样的房间通风流畅，空气流通快。而保持空气新鲜和阳光充足是人们对房间的基本要求。

3. 尺度

在设计中要考虑的与行为相关的另一方面就是人体尺度，既然设计要为人所用，那么**空间形状与尺寸就应该与人体尺度相配合**。家具和空间尺度的确立以人体尺度以及交往等行为发生时所需的尺度为基础。环境为不同的人所使用，因此要考虑的对象是变化的，通常会取一个标准值。

以坐具为例，要满足坐的功能，要坐得进去，还要比较宽松。同为坐具，功能不同的工作座椅、就餐座椅、休闲沙发就会有不同的坐面尺寸，靠背的高度也会不同（图3-21）。不仅有基本尺寸，在与人联系的过程中还会有行为尺度，这时的尺度不仅要满足基本使用，还要使人感到舒适，同时不能因为过于宽松而造成浪费。

图 3-19　房间通风

图 3-20　房间采光

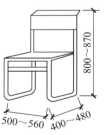
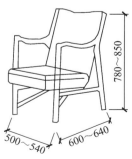

图 3-21　不同座椅尺寸

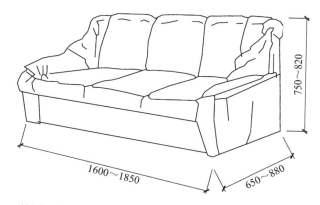

750~820

680~860 650~880

750~820

1600~1850 650~880

续图 3-21

小／贴／士

人、机、环境的关系

"人-机-环境"系统研究是为人的效能、健康问题研究提供理论与方法的科学（图 3-22）。人、机、环境三个要素中，"人"是指作业者或使用者。人的心理特征、生理特征以及人适应机器和环境的能力都是重要的研究课题。"机"是指机器，但较一般技术术语的意义要广得多，包括人操作和使用的一切产品和工程系统。怎样才能设计出满足人的要求、符合人的特点的机器产品，是人体工程学探讨的重要问题。

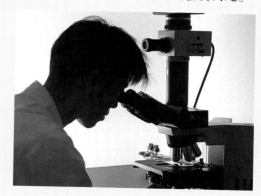

图 3-22 人使用显微镜

第三节
感觉与环境

托马斯曾说："感觉是指将环境刺激的信息传入人脑的手段，知觉则是从刺激汇集的世界中抽取出有关信息的过程。""知觉"可看作是"信息处理"的同义词。对于正常人来说，感觉和知觉几乎同时发生，所以往往合称为感知觉。感觉包括视觉、听觉、触觉、味觉、嗅觉等外部感受器和平衡觉、运动觉、机体觉等内部感受器。

一、视觉与环境

眼睛是人体最精密、最灵敏的感觉器，外部环境80%的信息是通过眼睛来感知的。眼睛由眼球（图3-23）、眼眶、结膜、泪腺、眼外肌等组成。

成人眼球直径约25 mm，重约7 g。前面是透明的角膜，其余部分包以粗糙而多纤维的巩膜，以保护眼睛不受损伤并维持其形状不变。中间层是黑色的脉络膜，血管密集。视网膜是薄而纤细的内膜，它含有光感受器和一种精致而相互连接的神经组织网络。作为光学器官的眼睛，类似一架照相机。来自视野的光线由眼睛聚焦，从而在眼球后部的视网膜上形成一个相当准确的视野的倒像。这种光学反应，绝大部分来源于角膜的曲度，但是，对远处和近处物体的焦点还能作细微的调整，这是借助改变晶状体形状来实现的。在晶状体两侧的前房和后房里充满着透明物质。虹膜是色素沉着的结构，它的中心开孔就是瞳孔，可以缩小或放大。

外界物体发出或反射的光线，从眼睛的角膜、瞳孔进入眼球，穿过如放大镜的晶状体，使光线聚集在眼底的视网膜上，形成物体的像（图3-24）。图像刺激视网膜上的感光细胞，产生神经冲动，沿着视神经传到大脑的视觉中枢，在那里进行分析和整理，产生具有形态、大小、明暗、色彩和运动的视觉。

二、听觉与环境

只有了解耳朵的构造及其生理机制，才能知道听觉刺激的特性。明白大的声音对听觉的干扰，噪声对健康的危害，以及如何利用听觉特性，设计一个好的室内听

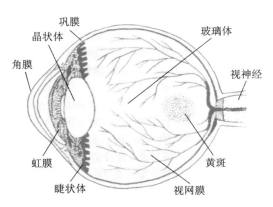

图3-23　眼球的组成

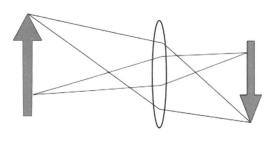

图3-24　光线进入眼睛成像

觉环境。

1. 声源

物体的振动产生了声音，故任何一个发声体，都可称为声源（图3-25～图3-28）。声学工程所指的声辐射体，主要有以下四种类型。

（1）点声源或单声源。

点声源产生于最简单的声场。如人的声带、各种动物的发声器官、扬声器、家用电器、汽车喇叭和排气口、施工机械、大型风扇等。这一类声源的线度要比辐射的声波波长小得多。

（2）线声源。

在实际生活中，火车、成行的摩托车、车间成排的机器等就是线声源。这种声源是指沿轴线两端延伸至很远的声源。

（3）面声源或声辐射面。

真正可以称为巨大的平面辐射体的是波浪翻滚的大海。但在实际生活里，室内运动场中，成千上万观众的呼喊声，车间里机器声的反射墙面，剧场观众厅的反射墙面等所产生的声源也称为面声源。

（4）立体辐射声源或发声体。

在生活中，一群蜜蜂发出的声音，室内排列的立体方位的"声柱"等所形成的声源就是立体辐射声源。

室内环境中，声源主要是人群、家具、电器、电梯、送排风管、抽水马桶水箱、下水管、风扇、空调器、荧光灯镇流器等等，大多数情况下都视为点声源。

2. 噪声

在生活中，除了能传播信息或有价值的声音外的一切声音，都称为噪声。声音的强弱不同，即声强的大小不同，对人耳

图3-25　电风扇作为声源

图3-26　火车作为声源

图3-27　观众的欢呼声作为声源

图3-28　机器工作的声音作为声源

的刺激会产生不同的感觉。太弱的声音听不见，过强的声音使人耳痛，太强的声音则会造成人耳的损伤，甚至耳聋。

噪声也是环境污染，影响人的健康。尽管人耳的听声范围很广，但能引起听觉反应又不损伤人耳的声音，即人耳常用声音范围，其声压级是 40 ～ 80 dB，频率为 100 ～ 4000 Hz，而 3000 ～ 4000 Hz 是人耳的听觉敏感范围，超过这个范围的声音，将会给人们带来烦恼或造成耳的损伤。

考虑对人体活动的影响，声音可分为两大类：有用声或有意义的声音；干扰声或无意义的声音。所谓有意义的声音，就是指使听者按其智力和需要可接受的一种声音，如正常的讲话声、音乐声、鸟鸣声等声音；无意义的声音，指的是使听者能勉强听到，使人厌烦、使人痛苦的声音，广义地说，这种声音就是噪声。

人对环境噪声有一定的适应性，如在安静环境中居住多年的居民，一旦搬到一个新的吵闹的环境中，就会对这种嘈杂感到非常难以忍受。相反，在城市环境中住久的人，一旦搬到市郊居住，也会感到寂静。

在当代，对人们影响最大的是声级在较短时间（几分钟或几秒钟）内起伏的噪声。如飞机航行、机动车行驶、铁路交通、机动船行驶产生的噪声，建筑机械、车间的机器、活动场所、孩子们呼喊和嬉笑所产生的噪声等等（表 3-2、表 3-3）。

表 3-2　机械噪声源强度列表

机 械 名 称	噪声级 /dB
风铲、风铆	130
凿岩机	125
大型球磨机、有齿锯切割机	120
振捣机	115
电锯、无齿锯、落砂机	110
织布机、电刨、破碎机、气锤	105
丝织机	100
细纱机、轮转印刷机	95
轧钢机	90
机床、平台印刷机、制砖机	85
挤塑机、漆包线机、织袜机、平印联动机	80
印刷上胶机、玉器抛光机、小球磨机	75
电子刻版机、电线成盘机	< 75

表 3-3　家庭常用设备噪声强度列表

家庭常用设备	噪声级范围 /dB
洗衣机、缝纫机	50 ～ 80
电视机、除尘器、抽水马桶	60 ～ 84
钢琴	62 ～ 96
通风机、吹风机	50 ～ 75
电冰箱	30 ～ 58
风扇	30 ～ 68
食物搅拌机	65 ～ 80

噪声对人类活动的影响表现在以下几个方面。

（1）噪声会影响听声的注意力，使人烦恼。

（2）噪声会降低人们的工作效率，尤其是对脑力劳动者。

（3）噪声会使需要高度集中精力的工作产生错误，影响工作成绩，加速疲劳。

（4）噪声影响睡眠。时间长了，则会影响人体的新陈代谢，使人消化衰退与血压升高。

（5）大于 150 dB 的噪声，会立即破坏人的听觉器官，或使人局部损失听觉，轻者则造成听力衰退。

过分寂静或突然寂静的环境会使人产生凄惨或紧张的感觉，如果一个人的生活环境极其寂静，时间长了会产生孤独、冷淡的心理状态，因而影响身心健康；如果日常生活中的声音突然中断，这种意外的寂静会使人特别紧张，如暴风雨前的寂静。因此，过分寂静，有时并不是一种好的现象。

3. 噪声的控制（图 3-29 ～图 3-32）

（1）确定厅堂内允许噪声值。

在通风、空调设备和放映设备正常运行的情况下，根据使用性质选择合适的噪声值。

（2）确定环境背景噪声值。

要到建筑基地实地测量环境背景噪声值，如果有噪声地图，还要结合发展规划作适当的修正。

（3）环境噪声处理。

首先要选择合适的建筑基地，结合总图布置，使观众厅远离噪声源，再根据隔声要求选择合适的围护结构。尽量利用走

图 3-29 禁止鸣笛标识

从声源处控制噪声。

图 3-30 防止噪声进入耳朵

从声音接收处控制噪声。

49

图 3-31 隔音降噪材料

图 3-32 隔音装置

在声音传播路径中控制噪声。

廊和辅助房间加强隔声效果。

（4）建筑内噪声源处理。

尽量采用低噪声设备，必要时再加防噪处理，如用隔声、吸声、隔振等手段降噪。

三、触觉与环境

人们感知室内热环境的质量，如空气的温度和湿度的大小、分布及流动情况；室内空间、家具、设备等各个界面对人体的刺激程度；振动大小、冷暖程度、质感强度等；物体的形状和大小等，除依靠视觉器官外，主要依靠人体的肤觉及触觉器官，即皮肤。皮肤是人体面积最大的结构之一，具有各式各样的机能和较高的再生能力（图3-33～图3-36）。人的皮肤由表皮、真皮、皮下组织三个主要的层和皮肤衍生物（汗腺、毛发、皮脂腺、指甲）所组成。

皮肤有防卫功能，成年人的皮肤面积为 1.5～2 m²，其质量约占体重的16％。它使人体表面有了一层具有弹性的脂肪组织，缓冲人体受到的碰撞，可防止内脏和骨骼受到外界的直接侵害。皮肤有散热和保温的作用，具有"呼吸"功能，当外界温度升高时，皮肤的血管就扩张，充血，血液所带的体热就通过皮肤向空气发散，同时汗腺也大量分泌汗液，通过排汗带走体内多余的热量；当外界寒冷时，皮肤的血管就收缩，血液流速减慢，皮肤温度降低，散热减慢，从而使体温保持恒定。

皮肤有丰富的神经末梢，它是人体最大的一个感觉器官，它对人的情绪发展也有重要作用。皮肤内广泛分布的神经末梢是自由神经末梢，构成真皮神经网络，形成了位于真皮中的感受器，可产生触、温、冷、痛等感觉。除自由神经末梢外，在皮肤中还存在有特殊结构的神经终端，在真

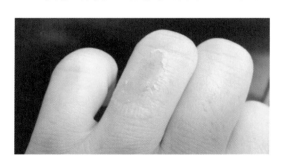

图3-33　皮肤被烫伤

图3-34　皮肤过敏

图3-35　人脚适应水温

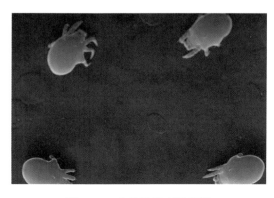

图3-36　虫螨吞噬皮肤碎屑

50

皮乳头层内，一些神经纤维绕成圈，互相重叠，形成线团状的终端结构，称为克劳斯（Krause）末梢球，长期被视为冷感受器。在真皮内还有罗佛尼（Ruffini）小体，它是神经末梢圈成柱状结构，带有长的末梢，曾被视为感受器，也被一些人视为机械感受器。

对皮肤感受器的结构和机能，还存在许多不同的看法。人体的皮肤，除面部和额部受三叉神经的支配外，其余都受 31 对脊神经的支配，构成完整的神经通路，传达皮肤的各种感觉。人体感觉系统的各个感官，均有各自明确的生理功能，然而在接受外部环境刺激的同时，又具有复杂的生理机制。

四、嗅觉与环境

环境设计属于人体工程学的研究范畴，嗅觉是现代医学的研究对象，它们都是现代技术进步和经济发展的产物。气味是一种物质的存在，对气味的研究成果，建立在现代技术的基础上。基于人类嗅觉的环境设计，主要研究各种气味、气态物质对人类生理或心理造成的"利"和"弊"（图 3-37、图 3-38）。

室内的空气品质（气味、粉尘及有害气体的含量等）不仅影响室内环境的质量，而且也直接关系到人的健康。而感知其刺激作用则主要依靠人的嗅觉器官，即鼻子。依靠嗅觉可以辨别有害气体（如煤气），也可以辨别植物的芬芳，创造良好的室内环境（图 3-39、图 3-40）。

人的鼻子由外鼻、鼻腔与鼻窦三部分组成。鼻子由骨和软骨作支架，外鼻的上端为鼻根，中部为鼻背，下端为鼻尖，两侧扩大为鼻翼。鼻腔被鼻中隔分成左右两半，内衬黏膜。由鼻翼围成的鼻腔部分为鼻前庭，生有鼻毛，有阻挡灰尘吸入，过

图 3-37　小狗嗅觉很灵敏，警犬辅助警察作业

图 3-38　汽车尾气有害

图 3-39　煤气有毒

图 3-40　阳台上种些花草

滤空气的作用。在鼻腔的外侧壁上有上、中、下三个鼻甲，鼻甲使鼻腔黏膜与气体接触面增加。在上鼻甲以上和鼻中隔上部的嗅黏膜内有嗅细胞，嗅细胞的一端有一条纤毛状的突起，另一端则是一条神经纤维。嗅神经细胞发出的神经纤维逐渐聚集，变成嗅神经，通过鼻腔顶部的筛骨后组成嗅球与大脑的嗅觉中枢直接联系（图3-41）。

当有气味的化学微粒从吸入的空气中到达嗅黏膜，嗅神经纤维受刺激后即传入大脑嗅觉中枢，从而辨别出物体的气味。一般人可辨出约200种气味，如果鼻子闻一种气味持续时间过长，会导致嗅觉中枢的疲劳，反而感觉不到原有的气味。

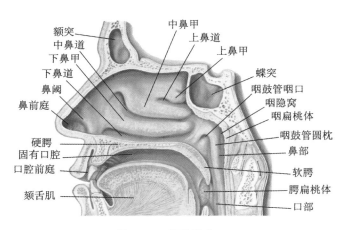

额突　中鼻甲　上鼻道　上鼻甲
中鼻道
下鼻甲
下鼻道
鼻阈　蝶突
鼻前庭　咽鼓管咽口
咽隐窝
咽扁桃体
硬腭　咽鼓管圆枕
固有口腔　鼻部
口腔前庭　软腭
颏舌肌　腭扁桃体
口部

图3-41　鼻子组成

知觉和感觉的区别

小／贴／士

感觉是对直接作用于感觉器官的客观事物个别属性的反应，知觉是在感觉的基础上，把过去的经验与各种感觉结合形成的，是对直接作用于感觉器官的客观事物和主观状况整体的反映。感觉主要以生理机能为基础，具有较大的普遍性，因而有较小的个体差异，而知觉是纯心理性的，具有较大的个体差异。随着接触时间的延长，个体对环境的知觉敏感性会发生变化，如果刺激恒定，反应越来越弱，称之为习惯化。

知觉是一个有机的整体的过程，人感知到的是环境中有意义的刺激模式，并不是分开的独立的刺激。因此，环境作用于人们的各种刺激所引起的感觉经过重建和解释已经存在于环境刺激的模式中。环境知觉是环境刺激生态特性的直接产物。当有关的环境信息构成对个人的有效刺激时，必然会引起个人的探索、判断等活动，环境知觉是从对环境中个别刺激的加工开始的，通常会经过刺激的觉察、刺激的辨别、刺激的再认和刺激的评定过程。

第四节
环境质量评价

环境质量是指在一个具体的环境内，环境的总体或环境的某些要素，对人体的生存和繁衍以及社会经济发展的适宜程度。 我国劳动人民早就具有系统的思想，《黄帝内经》里就强调人体各器官的有机联系，如生理现象和心理现象的联系，身体健康与环境的联系。这些思想与人体工程学的应激理论极为符合。由于心理刺激而引起生理变化的现象，称为应激，它最早由塞里提出。

1. 人的健康与空间环境

室内空间环境的质量主要取决于室内空间的大小和形状。这是创建室内环境的主要内容，不同性质的空间环境，其形状和尺度是不同的，但其共同特点都是要满足人的生活行为或生产行为的要求，而这种要求又是指当时大多数人（80%以上）

的生活行为和当时的生产条件下的生产行为的要求。人的健康与室内空间环境有着密切的联系，室内环境污染物主要是甲醛、氨、苯等气体（表3-4）。

2. 环境质量评价概述

环境质量评价即按照一定的评价标准和评价方法对一定区域范围内的环境质量进行说明、评定和预测，是人们认识和研究环境的一种科学方法，是对环境质量优劣的定量描述。人们通常说的某室内环境的好与坏，就是指评价某室内环境质量或比较几个室内环境质量的优劣或等级，实质上就是对不同环境状态的品质进行定量的描述和比较。就某一个具体的室内环境而言，不是所有评价内容都一样重要，具体评价标准也不一样。但评价环境质量的总体标准都是适合人类的生存和发展。

环境质量的好坏是由许多因素决定的，既将环境分解成各个单独的小分支进行分析，又要把它作为一个整体进行研究。环境质量评价根据评价对象的不同、评价

表3-4　各类化学物质的污染性质

污染物	来　源	危　害
甲醛	室内装修使用的家具、人造板材及白乳胶、胶黏剂、油漆涂料等	气体中含有致癌物质，在室温下易挥发，可通过呼吸道进入人体，对人体有害
氨	防冻剂、人体及动物的分泌物、室内装修材料及生活用品	易溶于上呼吸道的黏膜中，刺激眼睛、呼吸道和皮肤。严重时造成支气管痉挛及肺气肿
苯	油漆涂料等装修材料、家用化学药品、脂肪、油墨、橡胶溶剂等	刺激、麻醉呼吸道，破坏造血功能，被世界卫生组织确定为严重致癌物质
氡	建筑材料、生活用水、天然气等	肺部组织受到照射，严重时引起肺癌
总挥发性有机物（TVOC）	防水层、家用燃料不完全燃烧、人体排泄物、光化学作用等	感官刺激，引起局部组织炎症反应、过敏反应、神经毒性反应
空气中的微生物	土壤、水、植物、动物及人类的活动等	微生物个体微小、结构简单。易依附在气溶胶颗粒上较长时间，在空气中传播，引起疾病

目的不同、评价范围的不同，所提出的评价精度要求也不一样，即对所能得出的评价结论与实际的环境质量两者之间允许的差异有着不同的要求。因此，对环境质量进行评价有很多种方法，比如指数法、模式和模拟法、动态系统分析法、随机分析和概率统计法、矩阵法、网络法、综合分析法等，由其得出的环境质量的评价结果，表示的仅是环境质量的相对概念，每种方法还可以引申出许多具体方法。

第五节
案 例 分 析

一、工业风餐厅

工业风餐厅的色调虽是暗色调，但并不显得颓废，其实这表达了一种对时代的诉求。整体使人感觉整洁干练但又不失特色，局部使用立体绿植装饰和点缀，使整体以灰黑色调为主的空间增添了一抹艺术感（图 3-42～图 3-45）。

图 3-42　工业风餐厅（一）

图 3-43　工业风餐厅（二）

图 3-44　工业风餐厅（三）

图 3-45　工业风餐厅（四）

二、日式风格洗浴会所

日式风格洗浴会所注重细节的设计，因此，整个外立面设计看起来精致而富于变化。在本案的设计中，大量采用传统自然元素作为装饰材料，表现出素材的独特肌理，渲染出冷静、淡雅的视觉效果（图3-46、图3-47）。

设计师通过大量木作、灯饰与石材等物件，刻画出细腻的"和风"质感，让人一进空间之内，就像在日本游历。以完美的空间运用、材料选择、颜色搭配，适当的比例和光线配合，来达到简洁自然的效果。空间大部分使用原木以及竹、藤、麻和其他天然材料，并保留其本来的颜色，形成朴素的自然风格（图3-48～图3-53）。

洗浴会所本身是一个放松、休闲的场所。因此，其空间和设计都很自由，明亮中结合着音乐、芬芳、安宁与舒适，令人感觉到轻松自然。空间以日式风格为主，设计师在角落设计不同图样的纸伞与粉红樱，搭配粉色樱花树，通过灯光形成的光影，虚实之间呈现出鲜明的民族特色：设计细致而朴素，精巧而素雅；呈现材料、结构和功能性因素的天然丽质，木、石、竹、麻等材料，都应用得恰到好处（图3-54～图3-56）。

图3-46 洗浴会所（一）

图3-47 洗浴会所（二）

图3-48 洗浴会所（三）

图3-49 洗浴会所（四）

图3-50 洗浴会所（五）

图3-51 洗浴会所（六）

图 3-52　洗浴会所（七）　　　　图 3-53　洗浴会所（八）　　　　图 3-54　洗浴会所（九）

图 3-55　洗浴会所（十）　　　　　　　图 3-56　洗浴会所（十一）

本 / 章 / 小 / 结

　　本章就人的感知与环境的关系做了全面的分析，人类的活动在受到环境影响的同时也对环境产生了作用，人体工程学的研究目的是协调好人与环境的关系。在实际运用中，应该注意利用环境中各要素对人体感官的作用，引导使用者产生浓厚的参与感，并且达到环境友好、资源节约的设计要求。

思考与练习

1. 环境是什么?

2. 人的行为与环境有什么关系?

3. 环境对人的感觉有什么影响?

4. 理解环境质量评价对人的健康的重要性。

学习难度：★ ★ ★ ★ ☆

重点概念：住宅设计　居住行为　居住特点

章节导读

　　人体工程学与住宅设计结合可以称为住宅人体工程学。住宅是人类永恒的话题，人类生活和住宅是密不可分的，毋庸置疑，高水平的生活质量来自于高质量的住宅环境。社会的发展，使人们物质生活与精神生活的水平不断提高，对住宅设计也有了新的条件与要求。舒适、安全、健康、经济的住宅设计已经成为设计师们必须妥善完成的任务，要达到这样的要求，需要运用到人体工程学的知识。

第一节

居住行为与设计

　　居住是人类生存和发展的基本活动之一，通过创造先进的居住模式可以极大地推动社会的进步。今天人们建造住宅的活动正在对人类赖以生存的自然和社会环境产生前所未有的作用力。现在的住宅质量差异大、装修环境差异大。

一、住宅的个性化

　　根据住宅消费调查的结果显示，城市住宅消费的主力军是约占全国总人口27％的青年。这部分群体以标新立异为个性，崇尚个性的生活方式和思维方式，在他们的心中，家里的各项功能可以不需要全部具备，但是家居环境的舒适和质量感要有所呈现。并且随着房地产的蓬勃兴起，人们对住宅设计的要求越来越高，现代科学发展越迅猛，历史文化的价值越被珍惜。

多变的住宅形式，最能体现使用者性格。如方形的空间简洁整齐，让人感觉理智规整；曲面空间自由浪漫，让人感觉跳跃活泼；非直角形空间让人感觉无拘无束等。空间的造型是体现个性化的重要内容。当住宅的厨房空间较小时，可将厨房空间与室内客厅连成一体，形成"一体式"住宅空间结构，再在厨房与客厅之间添加鱼缸、绿色植物等。让室内空间在视觉上显得更加宽敞，绿色气息浓厚，人的心情也会变好。卧室的空间造型应该根据住户的性格爱好设计，这时住户应该参与其中，性格文静的可以将卧室设计成简约型空间；性格外向的可以设计成富有层次感的空间（图4-1～图4-3）。

不同的人对住宅的结构要求有所不同， 例如学习型、居家型、生活型、工作型、艺术型等。尤其是现在购房的大多数是青年人，他们的生活状态呈现出来的压力、消费观念、家庭观念、婚姻观念等方面都表现出与众不同的特性。色彩与照明是直接反映住宅空间性格的重要部分，色彩与照明本身具有许多拟人化的特点，色彩冷暖能让人感受到安静祥和与欢乐喜悦，色彩的明度能让人感受到空间的活泼与深沉，色彩艳丽程度能让人感受到绚丽华美与含蓄朴实。不一样的色彩，使人们对空间的感觉不一样。青年人追求时尚个性，室内空间色彩使用大胆，不拘一格；而老年人生活经历丰富，一般喜欢稳重的色系；儿童天真烂漫，一般喜欢纯度较高的色系（图4-4、图4-5）。总之，各类人群表现出来的对不同的房屋户型的需求，以及对不同的功能空间的偏好，这些都是个性化的体现。

二、人在室内活动的特征

衣、食、住、行是人类生活必不可少的要素，而食和住就发生在居住空间里。人在住宅里活动，起居室、餐厅、卫生间、厨房等各个空间的尺度、家具布置、人体活动空间等都需要根据住宅人体工程学，从科学的角度出发进行设计。住宅人体工程学主要是对人在空间中静止和运动的范围进行研究。

图4-1　客厅设计

图4-2　餐厅设计

图4-3　卧室设计

图 4-4　老人房间

图 4-5　儿童房

依人的体形与人的感觉、心理来设计满足不同需求的房间。

1. 位置

位置即人所在或所占的地方。在室内空间中，人们在不同的环境中活动，均会产生一些空间位置和心理距离等。在室内设计中与位置有关的参数的使用有如下作用。

（1）确定人在室内所需要的活动空间大小的依据。

根据人体工程学所需要的数据进行衡量，从人的高度、运动所需要的范围、心理空间和人际交往空间，确定各种不同空间所需要的面积，让空间具有更合理的空间划分。

（2）确定家具、设施的形体，使家具、设施为人所使用。

家具是室内空间的主体，也是和人接触最为密切、频繁的，因此人体工程学的运用尤为重要。适合的形体和尺度才能更加科学地服务于人，使停留在该空间内的人们更加舒适、安逸。

（3）提供适应人体的在室内空间环境中最佳的物理参数。

室内物理环境主要有室内热环境、光环境、声环境等，有了上述科学的参数后，在设计时才有可能有正确的决策，才能提高室内空间的舒适性。

2. 体积

所谓体积，在室内空间中指人们活动的三维范围。这个范围根据每个人不同的身体特征、生活习惯以及个人爱好等而有所不同。所以，在室内空间设计中，人体工程学的运用通常采用的都是数据的平均值。具体尺寸需要根据不同的人进行改变，这体现出了"以人为本，服务于人"的设计理念。

3. 活动效率

家庭活动主要表现在休息、起居、学习、饮食、家务、卫生等方面，各种活动在家庭中所占时间不同，消耗的能量及其效率也是不同的。一个人一天在家里的活动中，休息所占时间最长，约占 60%；起居活动所占的时间次之，约占 30%；家务等活动所占比例最少，约占 10%（表 4-1、表 4-2）。

表 4-1　不同家务劳动的能耗

活　动	体重 /kg	能耗 /W
坐着做轻工作	84	118.8
园艺	65	357
擦窗	61	258
跪着擦地板	48	237
弯腰清洁地板	84	411.6
熨衣服	84	292.8

表 4-2　不同活动的工作效率

活　动	效率 /（%）
弯腰铲、擦地板	3 ～ 5
直腰铲、擦地板，弯腰整理床	6 ～ 10
举重物	9
用重型工具手工工作	15 ～ 30
拖拉荷重	17 ～ 20
上、下楼梯	23
骑自行车	25
平地上走路	27

　　能耗与人们的活动姿势也有一定的关系，用不同姿势做家务劳动所消耗的能量是不同的。弯腰擦地板比跪着擦地板的能耗多 70%，能量消耗的大小决定了家务劳动的劳累程度，它与体力的支出成正比。一般情况下，每个人的"效能"是不同的，但即便在理想的条件下也只能达到总能耗的 30%。常见的家务劳动的活动效率是很低的，弯腰整理床，只达到 6% ～ 10%。

　　现代住宅最大的一个特征就是它是动态可变的，"灵活性""可变性""弹性"是设计中必须具有的元素，随着时间的发展，人的生活方式和行为方式的改变带来了建筑空间的相应变化。人体工程学在家具设计中的应用，就考虑了家具在使用过程中人体的生理及心理反应。任何有功能需求的设计，都需考虑使用者的使用要求，任何空间都必须从大小、形式、质量等方面满足一定的用途，使人能在其中实现行为。

小／贴／士

住宅设计中的问题

1. 住宅建设与社会经济的发展不同步

长期以来，我国房地产行业片面追求住宅数量，一味强调经济性，结果使住宅建设落后于现实发展，缺乏长远考虑，反而造成了居住质量的恶化和社会财富的浪费。

2. 住宅设计与居住行为脱节

设计时只片面理解住宅的面积指标，忽视了居住行为的基本空间尺度和面积的实际使用效率，造成居住空间的不合理配置，使居住行为不能有效地展开。

3. 缺乏选择性

随着时代的发展，设计空间也要与时俱进，不同时期住户对空间的使用有不同的要求与选择，古板僵硬的空间划分阻碍了生活质量的提高，造成空间的不合理使用。

4. 缺乏住户的参与

住户是一个群体性的概念，不同住户具有不同的审美意识和价值取向，作为居住行为的执行者，强硬地把住户塞进雷同的居住空间，没有住户的意见参与，是不尊重住户的表现。

第二节
居住行为与空间

将人体工程学运用到住宅设计，就是以人为主体，运用人体计测及生理、心理计测等手段和方法，研究人体结构功能、心理、力学等方面与住宅环境之间的合理协调关系，以适合人的身心活动要求，取得最佳的使用效能，使人在安全、健康、舒适的住宅环境中生活。住宅设计是根据建筑物的使用性质、所处环境和相应标准，运用物质技术手段和建筑设计原理，创造功能合理、舒适优美、满足人们物质和精神生活需要的住宅环境。

一、起居室

起居室是供居住者会客、娱乐、团聚等的空间（图4-6），设计时主要考虑起居生活行为的秩序特征、主要家具摆放尺度需要、空间感受等。与之相对应的起居空间布局便是通过多人沙发、茶几、电视柜组合而成的。起居室也就是人们常说的客厅，在家庭的布置中，客厅往往占据非

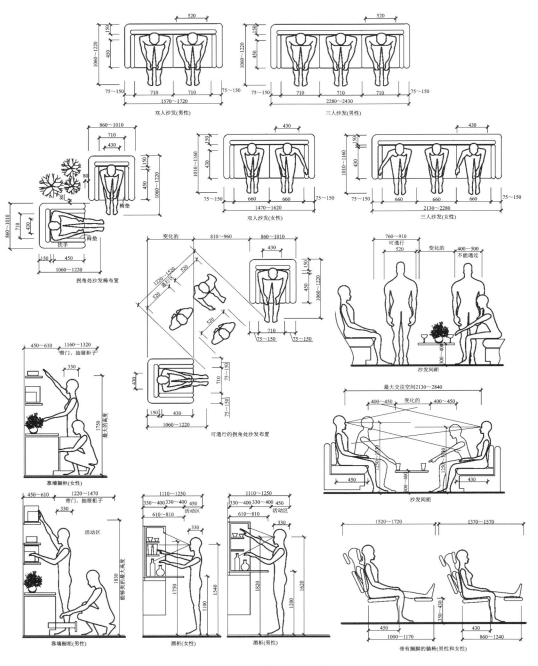

图 4-6 起居室活动空间

常重要的地位，在布置上一方面注重满足会客的需要，风格、用具方面尽量为客人创造方便；另一方面，客厅作为家庭外交的重要场所，更多地用来凸显一个家庭的气度与公众形象，因此规整、庄重、大气是其主要风格追求。

在视觉设计上，起居室最好有足够的光源，起居室的色调偏中性暖色调，面积较小的墙壁和地面的颜色要一致，以使空间显得宽阔。照明灯具方面，落地灯一般放在不妨碍人们走动之处，如沙发背左右或墙角，它和茶几等组成高雅、宁静的小天地，再与冷色调壁灯配合，更能显出优美情调，吊灯应简洁、干净利落。

作为家庭活动中心，现代意义的起居室整合了其他单一功能房间的内容，要满足家人用餐、读书、娱乐、休闲，以及接待客人等多种需要，在合理的规划下，即使多人共处、活动内容不同也不会互相干扰。这种共处的效果不仅充分利用了有限空间，也无形中制造了一种安详和睦的居家气氛，使家庭成员之间得以进行无障碍的实时沟通，在固定的空间中不知不觉地拉近了情感距离。

在确定起居室空间尺寸范围时，要考虑与活动相关的空间设计和家具设计是否符合个人因素，坚持以人为本的设计思想，选择最佳的百分位。起居室的面积不同，使用者的经济状况、生活方式、行为习惯等也有差异，所以起居室与其他区域空间的内部家具布置也会有很大差别。对于独立的起居空间而言，它的开间尺寸和面积往往是对起居室中所布置的沙发、电视柜、茶几等基本家具的占地面积及相应的活动面积进行分析得出的。

一般来讲，起居室的格局以方正为上，最好有个完整的角，或者有一面完整的墙面，以便布置家具，有的起居室空间面积比较小，那么就要避免使用弧角、斜角等空间形状，这样的形状难以利用。起居室的设计必须要考虑利用率，长宽比例要协调，面宽和进深严重影响着采光，一般开间和进深的比例以不超过 1 ：1.5 为宜，面宽大，采光面越大；进深越长，房间后部就无法得到好的光照。

二、卧室

卧室是供居住者睡眠、休息的空间，是家庭生活必要的空间之一。卧室分为主卧、次卧，主卧通常指的是一个家庭场所中最大、装修最好的居住空间；次卧是区别于主卧的居住空间。卧室是居住者的私人空间，对私密性和安全性有着很高的要求，卧室空间设计是否合理，对人的学习生活有着直接的影响（图 4-7）。

2011 年修订的《住宅设计规范》（GB 50096—2011）规定：卧室之间不应穿越，卧室应有直接采光、自然通风，其使用面积不宜小于下列规定。①双人卧室为 9 m²；②单人卧室为 5 m²；③兼起居的卧室为 12 m²。卧室、起居室的室内净高不应低于 2.40 m，局部净高不应低于 2.10 m，且其面积不应大于室内使用面积的 1/3。

65

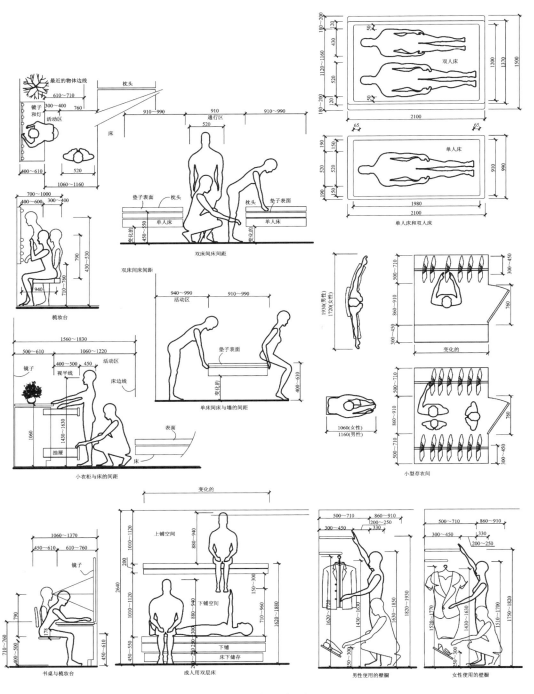

图 4-7　卧室活动空间

小/贴/士

国家《住宅设计规范》（GB 50096—2011）有关规定

住宅的卧室、起居室（厅）、厨房不应布置在地下室；当布置在半地下室时，必须对采光、通风、日照、防潮、排水及安全防护采取措施。卧室、起居室（厅）、厨房应有天然采光。卧室、起居室（厅）、厨房的采光窗洞口的窗地面积比不应低于1/7。卧室、起居室（厅）、厨房应有自然通风。排水管道不得穿越卧室。燃气设备严禁设置在卧室内。住宅卧室、起居室（厅）内噪声级，应满足下列要求。

（1）昼间卧室内的等效连续A声级不应大于45 dB。

（2）夜间卧室内的等效连续A声级不应大于37 dB。

（3）起居室（厅）的等效连续A声级不应大于45 dB。

对于空间的节省和有效利用，在一定程度上可以拓宽卧室的视觉效果，能让卧室整体看上去更为简洁舒适。卧室空间的面积大小不同，布局方式也有所差异。

（1）小面积居室简单布局。

卧室主要是作为休息区域而存在的，居于家庭空间规划中的首要地位，应根据整体的使用感受而做出布局决定。小居室兼顾功能性与易用性，所以在个人卧室中，以休息为第一目的的卧床所在居室占有最大的空间，在使用层面上令布局达到要求。

（2）中性居室兼顾功能性布局。

中性居室具有较大空间来满足规划要求，在不同使用需求下，要求布局方案或者布局风格完全不一样，最终适宜的确定性方案还会因实际环境的采光变化、使用实际需求的变化而发生改变。

在较大的空间的整体布局中增加功能性空间相对较为容易，存在于居室中的重复的功能性布局可以让使用者在一个地方完成更多事物的处理，提高居室的实际使用效率。整体布局中，可以增加的功能性布局有卫生间、办公区等。

三、餐厅

在现代家居中，餐厅以较强的功能适应性成为住户生活中不可缺少的部分，将餐厅布置好，既能创造一个舒适的就餐环境，也令起居室增色不少。在一定条件下，优良的餐厅设计往往能为设计更趋合理的户型起到中间转换与调整的作用。因此，起居室与餐厅有机结合，形成一个布局合理、功能完善、交通便捷、生活舒适和富有情趣的室内公共活动区，继而形成优化的功能组合，满足现代住宅设计的需求，显得十分重要，也将直接影响到其他功能房间的布置方式（图4-8）。

餐厅的位置有三种，对于独立式餐厅，布置餐桌和餐椅要方便就座，餐桌与餐椅以及餐椅与墙壁之间形成的过道的尺度要把握好。厨房与餐厅合并，餐区除了具有就餐功能，还具有烹饪功能，两者关系要把握好，保证就餐、烹饪互不影响。餐厅与起居室合并使用时，餐区的位置以邻接厨房最为合适，既可以缩短食物供应时间，又可以避免汤汁饭菜洒到地板上。

空间动作尺寸是以人和家具、人和墙壁、人和人之间的关系来决定的。例如，人坐在餐桌前进餐时，椅背到桌边的距离约为50 cm；当其起身准备离去时，椅背到桌边的距离约为75 cm。人在室内行走时，一人横向侧行需要45 cm的空间，正面行走需要60 cm；两人错行，其中一人横向侧身时共需90 cm；两人正面对行时则需120 cm。根据上述尺寸就可以确定出餐厅的空间安排。当然，在实际设计时应采用稍有富余的尺寸。

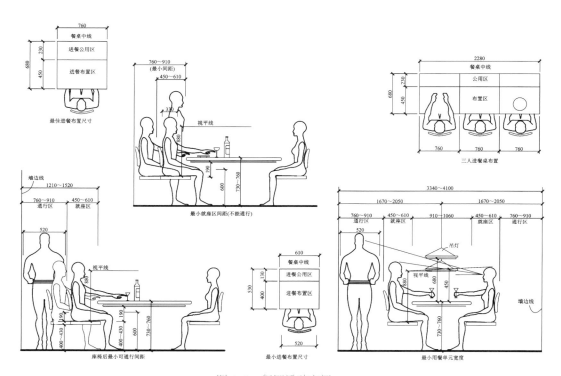

图4-8　餐厅活动空间

餐饮空间椅子的设计要点

1. 坐面与地面的高度

不同国家和民族的人体尺度不尽相同，在我国，一般椅子坐面高度为 400～460 mm，坐面太高或太低都会对身体造成不同程度的不适感，以至于身体肌肉疲劳或软组织受压等。对于休闲沙发来说坐面高度一般为 330～420 mm，在符合人体工程学的情况下沙发前座可高一些，通过靠背的倾斜使脊椎处于一个自然的状态。

2. 餐椅的坐感不能太慵懒休闲

餐椅的大小要根据具体的空间大小来适当选择，不能占用太多的面积。椅子、沙发坐面的宽度，在设计上需要留有一定的活动余地，可以使人随时调整坐姿。一般椅子坐面宽要大于 380 mm，需根据是否有扶手来确定椅子的具体坐面宽度。有扶手的椅子坐面宽度要大于 460 mm，一般为 520～560 mm。多人沙发的坐面宽度，要根据人的肩膀宽度加上衣服的厚度确定并加上 50～100 mm 的活动余量。

3. 餐椅沙发坐面的深度

如果坐面太深，背部支撑点悬空，同膝窝处受压；如果坐面太浅，大腿前沿软组织受压，坐久了使大腿麻木，并且会影响食欲。一般椅子的深度为 400～440 mm；用于休息的椅子和沙发，由于靠背倾斜度较大，座位深度可以深一些，一般为 480～560 mm。随着科技与工艺的不断进步，设计使得家具越来越多地呈现更为人性化的趋势，尤其对于座椅沙发来讲，更多的人性化商品通过设计已经出现在人们的生活中。

总之，从餐椅的设计中可以发现：人体工程学在餐饮空间设计中的运用是非常广泛并且有必要的，人体工程学的学科运用不但可以让在厨房流水线上工作的员工降低疲劳感，更可以使顾客在任何时候都感受到轻松和舒适。人体工程学的学科运用是餐厅人本服务的完善，更是细节品质的体现，能够更好地提高餐厅的档次和消费者的满意度。

小／贴／士

四、厨房

厨房有着属于它自己的适宜高度，不注意的话就会严重影响到人们的生活。凡是与人的使用有关的设施，其尺寸都要根据人的身体尺寸来确定（图4-9）。

1.工作台尺寸

厨房工作台的高度应以操作者身高及工作时舒适为标准。选择厨具时也应考虑高度，最好选择可调节高度的产品，就东方人的体形而言，以人体站立时手指触及

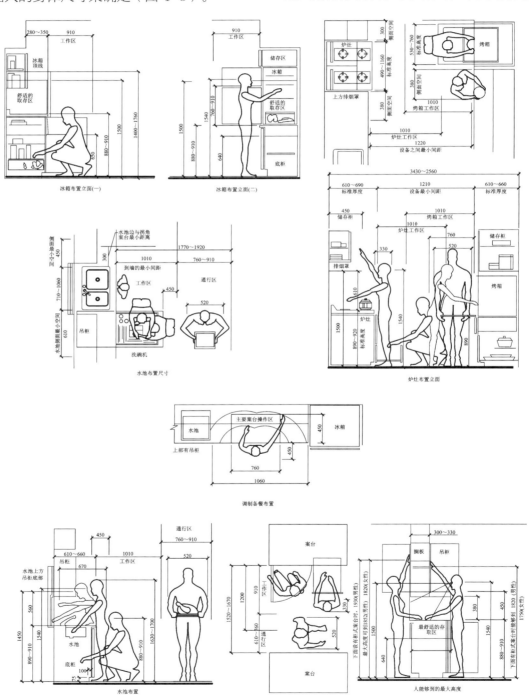

图4-9　厨房活动空间

洗涤盆底部为准。另外，现场加工的案桌柜体，其高度、宽度与水槽规格应统一，工作台与水槽之间也不宜有障碍。

2. 吊柜尺寸

操作台上方的吊柜以主人操作时不碰头为宜。常用吊柜顶端高度不宜超过230 cm，以站立可以顺手取物为原则，长度方面则可依据厨房空间，将不同规格的厨具合理地配置，让使用者感到舒适。如今，无论厨房高度如何，完全依据使用者的身高订制，才算是真正的用以人为本原则设计的现代化厨房。吊柜底离地面的高度，主要考虑吊柜的布置不影响台面的操作、方便取放吊柜中的物品、有效的储存空间以及操作时的视线，同时还要考虑在操作台面上可能放置电器、厨房用具、大的餐具等。为避免碰头或者影响操作，并兼顾储存量，吊柜深度应尽量考虑与地柜上下对位，以增加厨房的整体感。同时，吊柜门宽应不大于400 mm，避免碰头。

3. 地柜宽度

由于厨房中与地柜配合的厨具设备较多，如洗涤盆、灶具、洗碗机等，为使厨房设备有效地使用，就要有一定数量的储藏空间和方便的操作台面，所以在设备旁应配置适当面宽的操作台面，而这些地柜的宽度除了考虑储藏量外，还要与人体动作和厨房空间相协调。

4. 高立柜尺寸

考虑到厨房的整体统一，高立柜的高度一般与吊柜顶平齐，与地柜深度相同。为减轻高立柜的分量感，使其使用时灵活方便，高立柜的宽度不宜太宽，柜门宽应不大于600 mm。其深度以操作方便、设

备安装需要与储存量为前提。

5. 灶台与水槽的距离

在操作时，水槽和灶台之间的往返最为频繁，把这一距离调整到两只手臂张开时的距离最为理想。燃气灶目前大多数是用干电池，进口燃气灶或个别燃气灶也有用交流电的，那么应考虑在燃气灶下柜安排插座，一般位于下柜下面离地面约550 mm，煤气头不要紧靠插座，同样也在煤气灶下柜内，一般情况下离地约600 mm，如果在煤气灶下面安置烤箱或嵌入式消毒柜，煤气头应该或左或右偏离此柜。水槽下方安排冷热水头，一般离地550 mm为宜，因为常规下柜高度为800 ～ 850 mm，水槽槽深一般为200 mm 左右，如有特殊需要（如用粉碎机等）可以在水槽下柜内安置一个插座。

五、卫生间

卫生间是家庭成员进行个人卫生工作的重要场所，是每个住宅不可或缺的一部分，它是家居环境中较实用的一部分。人们对卫生间及卫生设施的要求越来越高，卫生间的实用性强，利用率高，设计时应该合理、巧妙地利用每一寸面积。有时，也将家庭中一些清洁卫生工作纳入其中，如洗衣机的安置、卫生打扫工具的存放等（图4-10）。

1. 卫生间设计的基本原则

（1）卫生间设计应综合考虑清洗、作为浴室、作为厕所三种功能。

（2）卫生间的装饰设计不应影响卫生间的采光、通风效果，电线和电器设备的选用、设置应符合电器安全规程的规定。

图 4-10 卫生间活动空间

（3）地面应采用防水、耐脏、防滑的地砖、花岗岩等材料。

（4）墙面宜用光洁素雅的瓷砖，顶棚宜用塑料板材、玻璃和半透明板材等吊顶，也可用防水涂料装饰。

（5）卫生间的浴具应有冷热水龙头，浴缸或淋浴区宜用活动隔断分隔。

（6）卫生间的地坪应向排水口倾斜。

（7）卫生洁具的选用应与整体布置协调。

2. 功能分布

一个完整的卫生间，应具备如厕、洗漱、沐浴、更衣、洗衣、干衣、化妆，以及洗理用品的储藏等功能。

从布局上来说，卫生间大体可分为开放式布置和间隔式布置两种。所谓开放式布置就是将浴室、便器、洗脸盆等卫生设备都安排在同一个空间里，是一种普遍采用的方式；而间隔式布置一般是将浴室、便器纳入一个空间而让洗漱区独立出来，这不失为一种不错的选择，条件允许的情况下可以采用这种方式。

插座安装时，明装插座距地面应不低于 1800 mm；暗装插座距地面不低于 300 mm，距门框水平距离应为 150 ~ 200 mm。为防止儿童触电、用手指触摸或金属物插捅电源的孔眼，一定要选用带有保险挡片的安全插座。零线与保护接地线切不可错接或接为一体。卫生间潮湿，不宜安装普通型插座应选用防水型开关，确保人身安全。开关的位置与灯位要相对应，同一室内的开关高度应一致。

3. 卫生间设计尺寸

浴缸与对面墙之间的距离最好有 1000 mm，想要在周围活动的话这是个合理的距离，即便浴室很窄，也要在安装浴缸时留出走动的空间（表 4-3）。

安装一个洗面盆并能方便地使用，需要的空间为 900 mm × 1050 mm，这个尺寸适合于中等大小的洗面盆，并能容下一个人在旁边洗漱。两个洁具之间应该预留 200 mm 的距离，这个距离包括坐便器和洗面盆之间或者洁具与墙壁之间的距离。浴缸和坐便器之间应该保持 600 mm 的距离，这是能从中间通过的最小距离，所以一个能相向摆放浴缸和坐便器的洗手间应该至少宽 1800 mm。要想在里侧墙边安装下一个浴缸的话，洗手间至少应该宽 1800 mm，这个距离对于传统浴缸来说是非常合适的。如果浴室比较窄的话，就要考虑安装小型浴缸了。浴室镜应该安装在大概 1350 mm 的高度上，这个高度可以使镜子正对着人的脸。

滚筒洗衣机的外形尺寸比较统一，高 860 mm 左右，宽 595 mm 左右，厚度根据不同容量和厂家而定，一般都在 460 mm 到 600 mm 之间。

半自动洗衣机尺寸大小为 820 mm × 450 mm × 950 mm（深 × 宽 × 高），洗涤容量一般为 8 kg（参考值，不同规格和不同品牌的洗衣机差距非常小，一般用肉眼无法看出来，只有外形上的差距）。

表 4-3　卫生间构件尺寸表

构　件	所占面积尺寸
坐便器	370 mm × 600 mm
悬挂式洗面盆	500 mm × 700 mm
圆柱式洗面盆	400 mm × 600 mm
正方形淋浴间	800 mm × 800 mm
浴缸	1600 mm × 700 mm

全自动洗衣机尺寸大小为550 mm×596 mm×850 mm（深×宽×高），洗涤容量一般是5～6 kg（全自动洗衣机的大规格一般是6 kg的洗涤量，小一点的就是5 kg的洗涤量，高度差不多，宽度小100～200 mm）。

卫生间的色彩也要适应人体视觉感受，当人们工作一天后，感到疲惫时，可在卫生间这个小天地中松弛身心。卫生间虽小，但规划上也应讲究协调、规整，洁具的色彩选择必须一致，应将卫生间空间作为一个整体来设计。一般来说，白色的洁具，显得清丽舒畅；象牙黄色的洁具，显得富贵高雅；湖绿色的洁具，显得自然温馨；玫瑰红色的洁具则富于浪漫含蓄（图4-11～图4-13）。不管怎样，只有以卫生洁具为主色调，与墙面和地面的色彩互相呼应，才能使整个卫生间协调舒适。

不同环境下的颜色对人的影响不同，合适的颜色能给人和谐之感。

图4-11 绿色的面盆

图4-12 蓝色的坐便器

图4-13 白色浴缸

空间布置

小/贴/士

空间应按其特征和特定要求进行布置。在住宅面积不太大的情况下要有明确的功能分区会存在一定困难，但也有灵活变动的布置，如将厨卫集中靠近入口处，起居室与主卧，或主、次卧设在朝向好的位置，但必须布置紧凑，用地节约。这样生活就有规律，不致相互干扰。

人们在生理上的需求得到满足以后，心理需求就变得越来越重要，如居住房间的领域感、安全感、私密感；居住环境的艺术性、人情味等。室外环境设计是提高居住环境质量的另一个重要方面，一个好的外部环境，首先，要有一个好的总平面布局，在总图设计时尽量避免外部空间的呆板划一，努力创造一个活泼、生动、有机的室外空间。其次，是环境设计，多考虑一些人际交往、邻里交往的需要，设置必要的公共活动场所和交往空间。再次，在绿化设计时，应根据树的不同科目、不同形状、不同色彩、不同的季节变化进行有效搭配，以增加绿化的层次感；用水面、绿地、铺地来划分地面，配置小品、雕塑，布置桌、椅，使绿地真正融入人们的生活。

第三节
住宅设计案例

一、住宅案例平面图

住宅空间的构成分为静态封闭空间、动态敞开空间和虚拟流动空间。静态封闭空间由限制性较强的墙体围合而成，私密性、安全感较强；动态敞开空间较为开放通透、界面灵活；虚拟流动空间利用视觉导向性来规划建筑空间，具有连接住宅主要功能区域的重要作用。一般的住宅都是三室两厅两卫设计（图4-14）。

在社会生活消费方式的影响下，人们的生活行为对套型模式起着主导作用。一般将居住人的生活行为分为居家型、享受型、社交型等。

1. 享受型

享受型空间的居卫数为两室一厅两卫（图4-15）：设计有混合开放的公共空间，主卧室舒适度高，并有半户外休闲空间。

2. 社交型

社交型空间的居卫数为两室一厅一卫（图4-16）：设计有外向型公共区域、客用区域，独立主卧区。

3. 居家型

居家型空间的居卫数为两室两厅一卫（图4-17），设计有面积均匀分配的功能空间，餐厨空间使用频率高，满足家庭收纳需求，有固定的小型家政区。

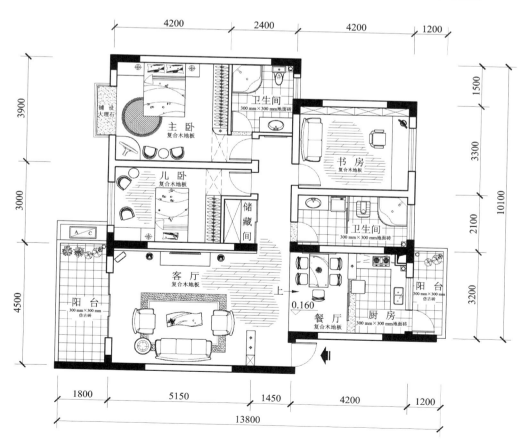

图4-14 三室两厅一卫

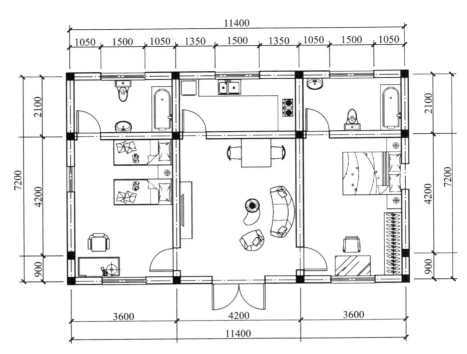

图 4-15　两室一厅两卫

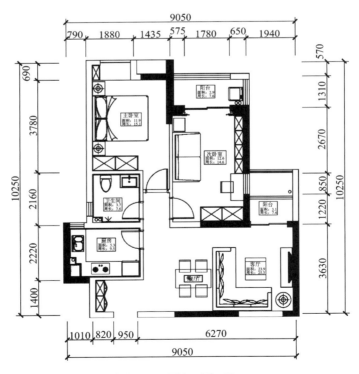

图 4-16　两室一厅一卫

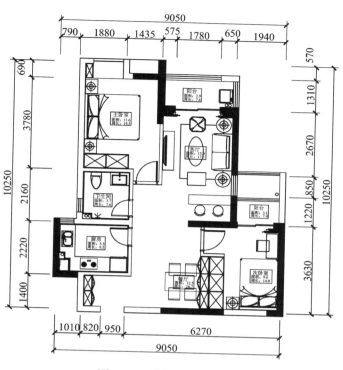

图 4-17 两室两厅一卫

loft 高挑开敞空间

loft 高挑开敞空间，是指由旧工厂或旧仓库改造而成的，少有内墙隔断的高挑开敞空间，现在已经成为了一种居住精神的代名词，它的内涵已经远远超出了这个词汇最初的涵义。loft 高挑开敞空间最显著的特征就是高大而开敞的空间，上下两层的复式结构，类似戏剧舞台的楼梯和横梁，loft 高挑开敞空间在现代背景下已被看成是时尚的居住模式。

小／贴／士

二、活泼型住宅设计

客厅和餐厅相连，没有明显的界限，却无形中增添了空间感。圆形餐桌拉近家人间的距离，促进交流。餐厅处的吧台，给人留出一个惬意的空间。黑白色系的柜子，其独特的光泽使家具令人倍感时尚。大面积黑色钢琴漆，显得庄重（图4-18、图4-19）。沙发后整面墙的流体状纹饰就像火焰，烘托出奔放自由的氛围。透明的酒红色玻璃隔断，让空间既惊艳又不显得烦躁、沉闷。棚面的设计，大开大合，干脆利落，整个空间硬装，伶俐又纯粹，简洁且大方（图4-20、图4-21）。卧室是个多彩的世界，像一个画布的床头背景，书写整个卧房的氛围，大面积灰色的基调下，斑斓的空间，得体而又不失个性（图4-22、图4-23）。

三、高雅型住宅设计

墙面运用深色墙纸，与地面作对比，色彩简单。沙发使用有质感的浅色亚麻布，突出港式风格的简洁明快。客厅选用白色的柜门和台面，对吊柜的柜门做雕花处理，顶面用防水石膏板做造型。餐厅顶部选用带有港式风情的吊灯，采用色彩简洁明了的家具，展现一种干净明了的感觉（图4-24、图4-25）。卫生间做了干湿分区，将湿气隔离的同时显得美观大方，洗手盆没有选用嵌入台面里的款式，而是选用了台面上的款式，可有效防止多余的水溅出（图4-26、图4-27）。电视墙使用壁炉造型，将电视嵌在里面，既省空间，造型又好看。单人椅运用皮质元素，凸显典雅高贵（图4-28）。

图4-18 活泼型住宅（一）

图4-19 活泼型住宅（二）

图4-20 活泼型住宅（三）

图4-21 活泼型住宅（四）

图 4-22　活泼型住宅（五）

图 4-23　活泼型住宅（六）

图 4-24　高雅型住宅（一）

图 4-25　高雅型住宅（二）

图 4-26　高雅型住宅（三）

图 4-27　高雅型住宅（四）

卧室是休息的地方，选用亚光的暗色墙纸，保证睡眠质量。床头两边选用壁灯，使用方便的同时也节省空间（图4-29）。主卧空间较大，可以放置立式电视机，在不影响通行的情况下床边也可以放置扶手椅等家具。次卧的墙面颜色较浅，符合孩子的年纪，让孩子有一个健康的童年，次卧在床边放置与墙面颜色一样的椅子，与主卧配套，线条简单的样式让次卧充满了简单而不简约的感觉（图4-30～图4-32）。

图 4-28 高雅型住宅（五）

图 4-29 高雅型住宅（六）

图 4-30 高雅型住宅（七）

图 4-31 高雅型住宅（八）

图 4-32 高雅型住宅（九）

本 / 章 / 小 / 结

本章分析了人体工程学在室内设计中的作用，人的行为活动对设计产生了限制作用，限定了尺度的范围。在设计中，应该注意从人类的活动和实际使用情况出发，使室内环境诸因素能够充分满足人类生活活动的需要，从而提高室内空间的使用舒适度，营造较为理想的生活环境。

思考与练习

1. 现代住宅有什么特点?

2. 人在住宅空间中有哪些行为活动?

3. 住宅中各个空间的特点是什么?

4. 现代住宅空间设计有什么规律?

第五章
人体工程学与商业设计

学习难度：★★★★☆

重点概念：商业空间设计　商业行为　经营环境　商业空间特点

章节导读

从古至今，商业行为与商业环境密不可分。商业行为表现在消费者的购物行为和销售人员的商品销售上，这两种不同的商业行为，对商业环境提出了不同的要求。商业设计中应融入人体工程学的知识，根据人体的行为和心理表现等来进行商业设计，协调消费者和销售人员、购物和销售商品之间的关系。

第一节
商业行为与设计

商业行为关乎个人与组织的内在价值，可以指导企业在法律规范缺失时的决策。商业空间是指为人们日常购物活动所提供的各种空间与场所，使人们在这些空间中完成商业购销活动，其设计符合人体工程学是满足人类消费心理的首要条件。

一、消费者的消费心理

人的消费行为受消费心理的影响，消费是人的生理需要和心理需要双重因素共同作用的结果。通常生理需要是人的基本需要，对人的行为有着强烈的支配性，当基本需要得到满足之后，则开始转向更高层次的心理需要。就目前的市场情况而言，消费者不但想得到所需的商品，而且更希望挑选自己满意的商品，还要求购物过程的舒适感，去自己喜欢的商店里购物。

当消费者需要某件商品的时候就会产生消费行为，这是不可避免的客观需求，但是一个商店的环境对消费行为的影响也很大。消费者在购买商品的过程中，会因购买现场的环境而改变内心想法，当商场内部构造合理，温度适中时，消费者的心情就会变得愉快，从而产生冲动消费的行为；假如消费者进入一个结构复杂、装潢沉重的商店，消费者内心就会感到压抑，可能都不会进去。所以，商店的环境影响着消费者的消费心理，从而影响消费者的消费行为。由于不同消费者的需求目标、需求标准、购物心理等不同，购买行为也就不同，但希望物美价廉的消费心理是相同的。

对于大多数消费者而言，只要商品价位相同，其购物表现都是就近购买，即使价格会贵一点也无妨。在社会发展的今天，很多消费者都会就近购买以节约时间，很多商品销售者也懂得这个道理，将商店开在便民利民的地方。环境的便捷性不仅表现在商店位置的选择上，也表现在商店内部商品选购上，当消费者进入商店找不到自己所需的商品，或者选择不方便，消费者可能会放弃购买。店主应该把大家常用的商品，或急需推销的商品陈列在消费者进出的便捷处。消费者为了买到物美价廉的商品，通常是货比三家，通过多处观察、多处比较才会进行消费。消费者受从众心理影响极大，人们常在大街上看到，店内人少的店铺少有人进，反之，则有很多人挤在一个店铺中。购物环境的选择性要求也反映在店铺内，如果将不同品牌的商品放在一个地方销售，这样既方便消费者选购，也能给店主带来更多收益。

二、消费者的商业行为

随着经济和生活环境水平的提升以及休闲时间的增加，逛街、购物已逐渐被人们视为生活中不可缺少的内容，它可以是人文活动，也可以是商业活动，更可以被视为一种艺术与教育活动。在城市商业街中，人们大部分是享受着逛的乐趣，购买商品的目的性很弱，主要是在逛街的过程中让身心得到放松，逛街并不等于购物，逛街是一种放松的方式，也是一种交流信息的方式。在消费者的印象中，商业街是公共空间，但是越来越强调商业活动的街道，越来越多大型购物综合体的建立，让商业街的公共性渐渐瓦解，人们渐渐地失去了购物的乐趣。

1. 消费者商业行为分析

消费者购物行为的心理过程，是设计者和经营者要了解的基本内容。消费者购物行为的心理过程可分为 6 个阶段，即外界刺激物→认识阶段→知识阶段→评定阶段→信任阶段→行动阶段→体验阶段；3 个过程，即认知过程→情绪过程→意志过程。

设计者可以在消费者认知、情绪、意志三个心理活动的过程中，从室内环境设计的整体构造到装饰设计的细部处理手法，激发消费者的购物欲望并使之实现。

消费者有的是有明确的购物目的、明确的商店目标，也有的是无目的地逛街，然后寻找或者随机获得信息，于是有可能被商品吸引而产生兴趣，进行审视和挑选，最终购物或放弃购物。

不同消费者消费行为不同。从年龄上来说，青年人在商业空间中的活动和参与要求丰富而强烈，希望得到更多的交往和娱乐。中年人则坚持实用性原则，对娱乐活动不热衷，老年人以休息、交往为主，偶尔有少量的购物行为。从性别上来说，女性的计划性较差，在商业活动中习惯结伴而行，而男性的目的性较强，决策能力通常强于女性。从地域上来说，居住在商业设施附近的人，通常光顾时间较短，随着居住地点与商业设施距离的加大，人们光顾该设施的周期会延长，目的性也增强。郊区和农村居民进入市区商业设施购物，闲逛的时间较长，外地人则是光顾当地的特产、风味小吃，感受风土人情。

2. 消费行为对商业空间的要求

不同的消费者由于自身的购买心理、对商品的评价、对购物环境的感受不同，对于商业空间的要求也就不同，要求一般可以分为以下几点。

（1）便捷。

便捷主要关系到商业空间的选址问题，意味着消费者可以方便、快捷地到达消费目的地，省事省力省心，在生活方式快节奏的今天，人们都会选择离自己近的商店。商业地段的选择非常重要，商店应该设在人流密集、交通便捷的地方。在购物环境周围应该有车辆停放的位置。另外，商业空间的便捷性还表现在商店内部，将

消费者经常会用到的东西放在显眼的位置，方便消费者选购，这样不仅方便了消费者，也能引起消费者对商店的好感，增加回头客（图5-1）。

（2）商业聚集地。

消费者为了买一件自己需要的东西，通常会货比三家，那么他们希望一个地方有多家商店聚集在一起，方便自己选择，或者希望一个商店内东西种类繁多，方便比较。一个地方聚集的商店越多，商业气氛往往越浓厚，吸引的消费者也越多。在商业中心区，多种商业类型的聚集是吸引消费者的重要因素（图5-2）。

（3）可识别性。

在同一个地方，同类型的商店很多，一个商店想要吸引消费者的注意，必须让自己的商店具有可识别性。商业建筑的形式与空间、标识与门面、细节设置等，都可以构成商业空间的可识别性特征，一个商店具有与众不同的风格，更能让消费者记住（图5-3）。

（4）可信度。

经营不同商品的商业空间，具有不同的商业气氛。当商店具有井然有序的空间布置、真诚亲切的服务态度、舒适美观的空间环境时，消费者对商店的信赖程度就会提升，一个商店的商业建筑设计合理，让消费者在店内选购商品时不用担心安全问题，这些都可以增加商店的可信度。

（5）舒适性。

商业空间的舒适与否，直接影响到消费者的心情。提高购物环境的舒适度，能提高消费者前来的次数和逗留的时间，达到集聚人气与提高销售的目的。合适的

图 5-1　便捷的商店

图 5-2　商业聚集地

温度、新鲜的空气、足够的休息场地是人在购物环境中生理舒适的保证。除此之外，人流密度也是影响消费者购物行为的重要因素，当人的密度过高时，人们就会感到干扰、拥挤和混乱；但人的密度过低，消费者又会感到人气不足。所以，商店内部应该构造合理，设计人性化，让消费者能自由地在购物环境中选购商品（图5-4）。

三、商业设计基础

商业设计是面对大众的，商业设计注重的是商品，环境艺术设计注重的是设计者本身。商业设计要与环境艺术设计结合起来，设计的行为受文化约束，要了解社会文化背景，包括适用人群、人文风俗、色彩偏好、功能需求等等，有了这些信息，

设计才能够进行下去，与消费者的倾向点对应的，常常是商业性设计的核心。

商业设计指具有社会实用意义、反映生活应用目的的一种文化，可以通过其创造商业价值，为美术作品增加附加值，并可以在其经济方面给产品或美术本身定义价值。所有与商业有关的设计行为都可以称之为商业设计，商业设计文化为商品终端消费者服务，在满足人的消费需求的同时又规定并改变人的消费行为和商品的销售模式，并以此为企业、品牌创造商业价值。

商业设计主要包括商品包装和装潢设计、商标、广告、橱窗陈列以及有关宣传品的设计制作等。

①包装和装潢设计：商品品种众多，包装应根据商品的用途、性能等进行选择，

图 5-3　可识别的商店

图 5-4　舒适的环境设计

要做到既保护商品，又包装简便，易于回收，有利于环境清洁；装潢设计是在商品外包装上加以文字、图像等装饰，以达到保护、美化和宣传商品的目的。

②商标：是用简洁的文字或兼用文字和图像，表明生产或销售商品的工厂、企业的一种符号图案，它既能区别不同商品的特点和质量，也能起到良好的宣传效果。

③广告：以艺术的形式介绍商品，沟通生产企业、商业和消费者之间的联系，使消费者了解商品的用途、特色和质量，从而达到推销商品的目的（图5-5）。

④橱窗陈列：在商店橱窗内以艺术的形式陈列商品，介绍商品的性能、特点和用途，以便引起消费者购买商品的兴趣，橱窗陈列的形式除了介绍某一商品外，还有专题、系列、季节、节日等形式（图5-6）。

商业设计是面对大众消费者的，商业设计要能体现出它的价值和效果，也要保持艺术设计中基本的视觉审美，雅观并且有创新的元素。商业性设计属于一种后置现代艺术，它是艺术设计的细分化和目的化，相对于艺术设计而言，更强调实用性。

第二节
商业环境

商业环境是进行商品流通的公共空间场所，其构成主要是人、物、空间。商业经营环境受很多因素的影响，在影响商业变化发展的众多因素里，环境因素是外生的。

一、商场环境设计

要营造一个现代的、时尚的、具有一定品牌号召力的购物商场，在公共空间设计上必须能够准确表达卖场的商业定位和消费心理导向。对商业建筑的内外要进行统一的设计处理，使其设计风格具有统一的概念和主题，商场展示拥有了明确的主题，所收到的传播效果及吸引力会大大增强。

在商业资源的吸纳、定位、重置、重组的过程中，贯穿全新的设计概念，建造一个时尚魅力的卖场空间，需要设计师和企业决策者作相应的沟通交流，使企业上下设计思想达到一致，让新的设计理念得

图5-5 商业广告

图5-6 橱窗陈列

到彻底的贯彻落实。

在商业卖场室内设计与规划中，首要解决的命题就是结合建筑自身的结构特点与商业经营者要求的利用率进行动线设计整合，对宽度、深度、曲直度进行适应性推敲，以满足商业定位的要求。给进入商场的消费者舒适的行走路线，使其有效地接受卖场的商业文化，消除购物产生的疲劳，自觉地调节购物密度，是动线规划设计功能的重要体现（图5-7）。

商场的布局取向在卖场空间的大环境内，承载着实现多种经营主体之间相互促进、相互配合与衔接的作用，让消费者在科学的格局中采集到大量的来自不同品牌背景的文化信息。充分考虑员工人流、客流、物流的分流，考虑到人流能到达每一个专柜，杜绝经营死角。设置员工休息间，休息间内设置开水炉、休息座、碗杯柜，在各楼层设置员工用饮水机、IP电话，只有让员工满意了，才能更好地为消费者服务。在每一层设置休息座；在每层卫生间设置便捷设施；设置母婴室，以便母亲为婴儿更换尿布；为男士专门设置吸烟区；为方便消费者，设置成衣修改、皮具保养、礼品包装、母婴乐园、维修服务处等区域；为VIP客户设置贵宾厅，其中还应考虑洽谈、会客、休息、茶水、手机加油站等功能（图5-8～图5-10）。

商场室内天花营造设计，力求简洁大气，不宜过分复杂，能烘托照明的艺术效果，注重实际功效。商场地面的设计应在动线设计的基础上，适应品牌环境的特点，选取适合的贴面材质，清晰地表达出动线区域的分割引导功能，在主题区域承担着

氛围营造的基础作用（图5-11）。

共享空间设计涵盖了商业空间的柱面、墙面、中庭、休闲区、促销区等诸多方面，还应同时顾及今后的实际功能使用和商业主题文化的宣传与推广，这是商场设计中的一个重要环节，它的设计是延续务实与引导时尚的产物，对商场企业文化的建构与推广具有十分重要的现实意义。

二、商场视觉空间

商场视觉空间可分为商品促销区、展示区、销售区（含多种销售形式）、休息区、餐饮区、娱乐区等（图5-12～图5-14），由于该类空间基本属于短暂停留场所，其视觉流程的设计因此趋向于导向型和流畅型。欣赏或采购商品都具有一定时间性，消费者的行动路线和消费行为均受到内部诸多因素的影响，在局部区域的逗留时间短，就要求在视觉空间流程上予以消费者最快的导向性信息和提示。与商品销售配套的休息区、餐饮区，可以在视觉流程的设定上平和与舒缓一些，以减少商品的信息刺激量，给消费者以较充分的时间调整身心的疲劳，以增加消费者在商场内的停留时间。

人们在进入现代商场环境的时候，存在两种基本购物行为：目的性购物和非目的性购物。 目的性购物者都希望以最快的方式、最便捷的途径到达购物地点完成购物，对此类消费者，组织商业空间时，在视觉设计上，应具有非常明确的导向性，以缩短购物的距离。同时导向型视觉空间，可以诱发非目的性购物者产生临时的购物

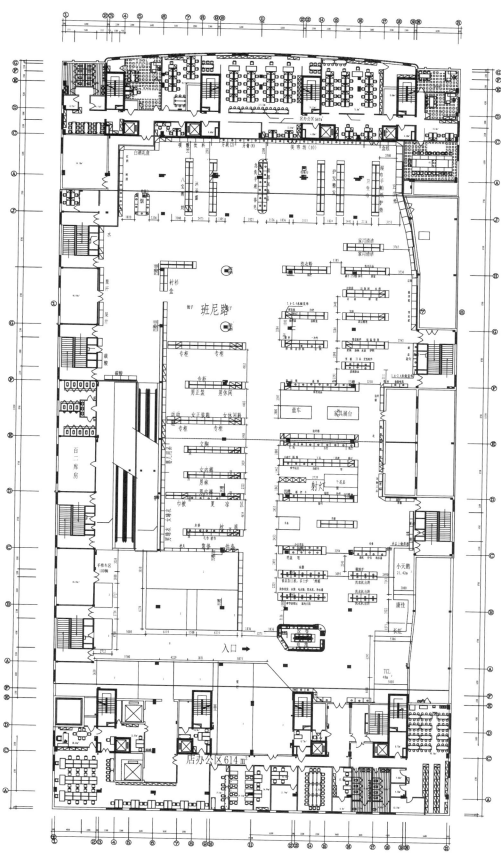

图 5-7　商场平面图

图 5-8　商场环境（一）

图 5-9　商场环境（二）

图 5-10　商场环境（三）

图 5-11　天花板设计

图 5-12　促销品

图 5-13　休息区

冲动，完善的导向系统可以帮助无目的购物者做出临时购物决策。

购物场所的光线可以引导消费者进入商场，使购物环境形成明亮愉快的气氛，可以衬托出商品的光彩夺目、五光十色，引起消费者的购买欲望。首层基础照明为 1000～1200 lx，其他楼层基础照明为 700～800 lx。在保证整体照明的情况下，尽可能考虑重点照明及二次照明。在色温上，除黄金珠宝及食品考虑使用暖光，电器考虑使用冷光，其余基本考虑使用中性色温的光（图 5-15～图 5-17）。

图 5-14　餐饮区

图 5-15　照明对商场环境的影响

照明可以使人的眼球自觉地注意灯光照射下的商品，而商品在光的映衬下更显耀眼夺目。

图 5-16　浅淡的灯光

图 5-17　照明对环境的影响

三、色彩的应用

商业空间的环境设计会对人们的行为产生影响，商业空间设计中色彩的功能也体现了出来，适当的色彩搭配使得商业空间既具有时代特色又有利于身心健康，并促进社会健康发展。只有综合运用各学科领域交错发展、相互融合形成的现代化观点来分析、判断、决策，才能设计出真正为买卖双方欢迎的商业空间。

在商业环境中视觉对色彩的感知，常常是形成对商业环境第一印象的主要因素。在商业环境中，运用色彩和简化图形的手段是突出商业形象内涵的有效方法。除了色彩之外，空间的结构变化与层次变化能形成商品信息的归纳和分类，因此，运用空间结构语言是对层叠释放的商品信息进行分类和引导的最佳手段。在商业环境的空间转化中，不同的材质肌理在不同的光线变化中，细微演绎着不同的商品内涵，也体现了不同的购物需求，是商品信息的具体化表现（图 5-18、图 5-19）。

不同的色彩及其色调组合会使人们产生不同的心理感受。商场的色彩设计不仅可以刺激消费者的购买欲望，而且对于商场环境布局和形象塑造影响很大，可以使营业场所色调达到优美、和谐的视觉效果。商场各个部位，如地面、天花、墙壁、柱面、货架、楼梯、窗户、门等，以及导购员的服装上相应的色调，整体以浅色系为

图 5-18　色彩对商店环境的影响　　　　　　　图 5-19　色彩对商场环境的影响

主，局部点缀亮丽色彩，来渲染商业气氛及休闲氛围，融入主题色和企业识别系统，烘托商场的文化和特色。色彩运用要在统一中求变化，变化中求统一。

在色彩选择中，每一种色彩都使人产生一定的感受，从而产生联想。一般而言，黄色、橙色能使人产生食欲，作为食品商场标准色效果较好。绿色适用于蔬菜、水果类商品经营。紫色、黑色突出贵重、高档的品质。对于儿童用品的经营场所来说，宜以橙色、粉色、蓝色、红色为主色调，能引起儿童的注意和兴趣。

小 / 贴 / 士

商场存在的意义

　　商场是商业活动的主要集中场所，从侧面反映一个国家、一个城市的物质经济状况和生活风貌，今天的商场功能正向多元化、多层次方向发展。商场除了商品本身的诱导外，销售环境的视觉诱导也非常重要。从商业广告、橱窗展示、商品陈列到空间的整体构思、风格塑造等都要着眼于激发消费者购买的欲望，要让消费者在一个环境优雅的商场里，情绪舒畅、轻松和愉快，以得到消费者的认同心理和消费冲动。

第三节
商业空间特点

商业空间相对于办公、餐饮、居住、交通等人类活动的其他性能的空间来说，它具有独特的内涵。它是商品提供者和消费者之间的桥梁和纽带，商业空间的模式和功能正不断向多元化、多层次方向发展。一方面，购物形态更加多样，如商业街、百货店、大型商场、专卖店、超级市场等；另一方面，购物内涵更加丰富，餐饮、影剧、画廊等功能设施的结合，体现出休闲性、文化性。

一、商业空间形式

商业空间主要由人、物和空间3个基本要素构成，人与空间是相互作用的，空间提供了人的活动场所，根据人对空间不同的需求，从而产生了多元化的空间形式。空间的划分是室内空间设计的重要内容，分隔的形式决定了空间之间的关系，分隔要在满足不同功能要求的基础上，创造出舒适合理的室内环境，合理化的空间

布局有利于疏通人流、活跃空间、提高消费能力（图5-20、图5-21）。目前，商业建筑内部环境空间划分从界面形态上大致可以分为封闭性空间、半封闭性空间、意象性空间3种形式。

1.封闭性空间

封闭性空间是指以实体界面的围合限定度高的空间分隔，以隔离视线、声音等。它的特点是分隔出的空间界限非常明确，相对比较安静，私密性较强。由于这种空间组织形式主要由承重墙、轻质隔墙等组成，还具有抗干扰、安静和让人感到舒适的功能，比较适用于商场办公空间、酒楼雅间及KTV包间等空间的设计。

2.半封闭性空间

半封闭性空间是指以围合程度限定度低的局部界面的空间分隔，这类空间组织形式在交通和视觉上有一定的流动性，其分隔出的空间界限不太明确。分隔界面的方式主要以较高的家具及一定高度的隔墙、屏风等组成，这种分隔形式具有一定的灵活性，既满足功能的需求，又能使空间的层次、形式的变化产生比较好的视觉效果。

图 5-20　商场整体形象

图 5-21　商品分类与分区

93

3. 意象性空间

意象性空间是一种限定度较低的分隔方式，它是指运用非实体界面分隔的空间。 空间界面比较模糊，通过人的视觉和心理感受来想象和感知，侧重于一种虚拟空间的心理效应。它的界面主要通过栏杆、花纹图饰、玻璃等通透的隔断，或者由绿植、水体、色彩、材质、光线、高差、悬垂物等因素，形成意象性空间分隔。在空间划分上形成隔而不断，通透性好，流动性强，层次丰富的分割效果。在传统室内设计中，此种分割方法也称为"虚隔"。

二、商业空间功能组织

1. 商品的分类与分区

商品的分类与分区是空间设计的基础，合理化的布局与搭配可以更好地组织人流，活跃整个空间，增加各种商品售出的可能性。按照不同功能将商场室内分成不同的区域，可以避免零乱的感觉，增强空间的条理性。在一个零乱的空间中，消费者会因陈列过多或分区混乱而感到疲劳，造成购买的可能性降低。一个大型商店可按商品种类进行分区，一个百货商店可将营业区分成化妆品、服装、体育用品、文具等专门销售区（图5-22、图5-23）。

2. 购物流线的组织

商业空间的组织是依据消费者购买的行为规律和程序展开的，即吸引→进店→浏览→购物（或休闲、餐饮）→浏览→出店。消费者购物的逻辑过程直接影响空间的整个流线构成关系，而流线的设计又直接反馈于消费者购物行为和消费关系（图5-24、图5-25）。为了更好地规范消费者的购物行为和消费关系，从流线的进程、停留、曲直、转折、主次等角度设置视觉引导的功能与形象符号，以此限定空间的展示和营销关系，这也是促成商场基本功能得以实现的基础。

空间中的流线组织和视觉引导是通过柜架陈列、橱窗、展示台的划分来实现的，通过天花、地面、墙壁等界面的形状、材质、色彩处理与配置以及绿化、照明、标志等要素来诱导消费者的视线，使之自然注视商品及展示信息，激发购物意愿。

图5-22　商品放置空间

图5-23　商品分类放置

图 5-24　购物流线的组织（一）

图 5-25　购物流线的组织（二）

三、百货商场与购物中心

百货商场与购物中心在业态上的不同（图 5-26～图 5-29），导致消费者的购物体验也会不同。购物中心更加注重购物体验和商场主题，面积通常要比百货商场大。一般百货商场的面积为几千平方米到上万平方米，很少超过 10 万平方米；可对购物中心而言，5 万平方米以内的购物中心只能被称作社区购物中心，面积在 5 万～10 万平方米的购物中心可被称为市区购物中心，大型的购物中心面积在 10 万平方米以上。所以，除了从名字上判断商场的业态外，也可以从面积的大小上来判断，而且面积的大小是带来不同购物体验的直接原因。但是仅仅从面积上区分两者也是不够的，因为毕竟也有小于 5 万平方米的购物中心。百货商场和购物中

图 5-26　百货商场（一）

图 5-27　百货商场（二）

图 5-28　购物中心（一）

图 5-29　购物中心（二）

心还有很多的不同，比如，体验消费概念越来越多地引入购物中心，在它的业态组合里，会有大量的餐饮、娱乐、健身、美容等主题项目进驻。一般购物、餐饮、娱乐的比例会达到50：32：18，有时娱乐的比重会更高，而百货商场只有商品消费，极少有体验式服务项目。

百货商场有统一的收银台，消费者虽在各专柜选择商品，但却是到商场里固定设置的收银台缴费。而在购物中心，消费者是直接在专卖店内完成交易的，无须通过第三方。之所以出现这样的差别，是因为百货商场主要是通过专柜销售收入分成的方式获利，百货公司统一收银，掌握每个专柜的销售额后，每月根据它们的提成比例进行结算，将扣除提成后的销售资金再返回给各专柜的供应商。购物中心则主要通过分租物业的租金收入获利，现在购物中心也逐步向提成获利的方向发展。

小／贴／士

柜架布置基本形式

1. 顺墙式

柜台、货架及设备顺墙排列。此方式售货柜台较长，有利于减少售货员，节省人力。一般采取贴墙布置和离墙布置，后者可以利用空隙设置散包商品。

2. 岛屿式

营业空间呈岛屿状分布，中央设货架（正方形、长方形、圆形、三角形），柜台周边长，商品多，便于消费者观赏、选购商品。

3. 斜角式

柜台、货架及设备与营业厅柱网成斜角布置，多采用45°斜向布置。能使室内视距拉长，造成更深远的视觉效果，既有变化，又有明显的规律性。

4. 自由式

柜台、货架随人流走向和人流密度的变化而变化，灵活布置，使厅内气氛活泼轻松。将大厅巧妙分隔成若干个既联系方便，又相对独立的经营部，并用轻质隔断自由地分隔成不同功能、不同大小、不同形状的空间，使空间既有变化又不显杂乱。

5. 隔绝式

用柜台将消费者与营业员隔开，商品需通过营业员转交给消费者。此为传统式，便于营业员对商品的管理，但不利于消费者挑选商品。

6. 开敞式

将商品展放在售货现场的柜架上，允许消费者直接挑选商品，营业员的工作场地与消费者的活动场地完全交织在一起，能迎合消费者的自主选择心理，造就服务意识，是今后商业柜架布置的首选。

第四节
商业设计案例

一、施华洛世奇东京店

施华洛世奇东京店门头部分由排列吊挂的不锈钢镜面柱子组成，鳞次栉比的不锈钢柱子映射出闪亮光芒，商标格外醒目。

店内四周所有的墙面都是白色的，并装饰有垂直状的浮雕，让置身其中的人们有全新的视觉体验，并且衬托出里面的水晶，地面上的石材也嵌入了水晶，看上去如同化石，中央的吊灯如同阳光下的瀑布，布满水晶的楼梯熠熠生辉（图 5-30 ～ 图 5-32 ）。

二、男装专卖店

男装专卖店一楼的主体线条和风格以直线和方形为主，体现了男性特有的沉稳和朴素，高贵而不失华丽。经典的家具和饰品又使气氛轻松活跃。照明方面也采用了现代手段，点射光源尽显服装的展示效果。二楼主要用于会客和洽谈，以及办公。精致的水吧和舒适的会客洽谈区使人心旷神宜，色调沉稳，用光简约。整体造型以弧线为主，采用环保材料，搭配图案经典的壁纸和造型独特的家具（图 5-33 ～图 5-38 ）。

图 5-30　施华洛世奇商标

图 5-31　施华洛世奇内部 (一)

图 5-32　施华洛世奇内部 (二)

图 5-33　男装专卖店 (一)

图 5-34　男装专卖店 (二)

图 5-35　男装专卖店 (三)

图 5-36　男装专卖店 (四)

图 5-37　男装专卖店 (五)

图 5-38　男装专卖店 (六)

本 / 章 / 小 / 结

　　本章结合人体工程学中人们的消费心理和行为与商业空间的形式和色彩，阐述了两者之间的关联。人们对商业空间的要求不是一个固定的尺度，除了重视视觉环境设计外，还应该关注到使用者的心理和生理因素。在设计中，应该善于利用这两项因素，结合设计内容，将效果最大化地呈现出来。

思考与练习

1. 商业空间的设计对消费者的行为有什么影响？

2. 商业设计的内容是什么？

3. 商业空间设计有哪些形式?

4. 百货商场与购物中心有什么区别?

第六章
人体工程学与办公设计

学习难度：★ ☆ ☆ ☆ ☆

重点概念：办公空间设计　办公环境　办公家具

章节导读

办公空间是为人们办公需求提供的工作环境。在办公设计中，人性化、高效率是衡量环境质量的两大指标，人体工程学的研究经常为设计师的创造性构想提供思路和依据。人体工程学从不同的角度出发有不同的定义，在办公设计中，它是研究人的工作能力及其限度，使工作环境有效地适应人的生理、心理特征的科学。

第一节
办公室布局设计

一般大、中型企业，为了提高工作效率、节省空间、方便员工沟通，会进行部门划分，每个区域的布置都会根据公司职员的岗位职责、工作性质、使用要求等装修设计。一般规划的区域有老板办公室、接待室、会议室、秘书办公室、经理办公室、休息室等。

一、领导办公室

公司主要领导的工作对企业的生存、发展起到重大的作用。一个良好的办公环境，对决策效果、管理水平等方面都有很大影响；另外，公司领导的办公室在保守公司机密、传播公司形象等方面有特殊的作用（图6-1）。所以，对领导的办公室设计有以下特征。

1. 相对宽敞

除了考虑使办公面积略大之外，一般采用较矮的办公家具，主要是为了扩大视觉上的空间，因为过于拥挤的环境束缚人的思维，会带来心理上的焦虑等问题。

2. 相对封闭

一般是一人一间单独的办公室，有很多的公司将高层领导的办公室安排在办公大楼的最高层或办公空间平面结构的最深处，目的就是创造一个安静、安全、少受干扰的办公环境。

3. 方便工作

一般要把接待室、会议室、秘书办公室等安排在靠近决策层人员办公的位置，

很多的公司将厂长或经理的办公室建成套间，外间就安排成接待室或秘书办公室。

4. 特色鲜明

企业领导的办公室要反映出公司形象及企业特色。例如，墙面色彩采用公司标准色，办公桌上摆放国旗和公司旗帜以及公司标志，墙角安置公司吉祥物，等等。另外，办公室布置要追求高雅而非豪华，切勿给人留下俗气的印象。

二、部门经理办公室

公司里有一般管理人员和行政人员，设计办公室布局时要从方便与职员之间的沟通、节省空间、便于监督、提高工作效率等方面考虑（图6-2～图6-4）。

图6-1　老板办公室

图6-2　经理办公室

图6-3　部门经理办公室

图6-4　玻璃隔断办公空间

经理办公室位于公司的后方，那样就能比较好地把握员工的动向。经理办公室设计的时候不宜开过多的门，门的朝向也很重要，最好开在座位的左前方。经理办公室设计布局一定要合理，那样才会更有效率地工作，要提供安静、封闭的环境，以免受到打扰。

三、员工办公室

为了充分发挥个人的能动性及创造性，现代办公格局的个性化的需求越来越普遍，针对一些组织形式、工作方式较灵活的机构，办公空间的规划应考虑弹性发展的可能，员工办公室也分好几种形式。

1. 封闭式员工办公室

一般为个人或工作组共同使用，其布

图6-5　封闭式员工办公室

3. 单元式员工办公室

随着计算机等办公设备的日益普及，单元式员工办公室利用现代建筑的大开间空间，选用一些可以互换、拆卸的，与计算机、传真机、打印机等设备紧密组合的，符合模数的办公家具单独分隔出空间（图6-7）。单元式员工办公室的设计可将工作单元与办公人员有机结合，形成个人办

局应考虑按工作的程序来安排每位职员及办公设备的位置，通道的合理安排是避免人员流动对办公产生干扰的关键。在员工较多、部门集中的大型办公空间内，一般设有多个封闭式员工办公室，其排列方式对整体空间形态产生较大影响。采用对称式和单侧排列式一般可以节约空间。便于按部门集中管理，空间井然有序但略显呆板（图6-5）。

2. 开敞式员工办公室

开敞式员工办公室也叫景观式员工办公室（图6-6）。景观办公空间的出现使得传统的封闭型办公空间走向开敞，打破原有办公成员中的等级观念，把交流作为办公空间的主要设计主题。

图6-6　开敞式员工办公室

图6-7　单元式员工办公室

公的工作站形式，并可设置一些低的隔断。使个人办公具有私密性，在人站立起来时又不妨碍视线；还可以在办公单元之间设置一些必要的休息和会谈空间，供员工之间相互交流。

办公空间作为一种特殊功能的空间。人流线路、采光、通风等的设计是否合理，对处于其中的工作人员的工作效率有很大的影响，所以办公空间设计的首要目标就是以人为本，更好地促进人们的交流，更大限度地提高工作人员的工作效率，更好地激发创造灵感。

第二节
办公环境

办公室是组织的一个"门面"和"窗口"，办公室实务的一个重要内容是办公室环境管理，从办公室环境的管理上可看出组织的管理水平和服务态度。办公室管理有助于树立组织的良好形象，有助于组织工作的开拓和发展，办公室也是上司进

行决策、指挥的"司令部"，是行使权力的重地；办公室又是信息交换的核心地，是文员的工作室，良好的环境有助于提高文员的办公效率。

一、办公室环境遵循的原则

环境是指人类周围的所有事物及状态，环境一般可分为自然环境和人为环境，而办公室环境就属于人为环境，人们可以根据自身的需要去设计办公室的环境，对办公室环境做出适当的管理，使其变得舒适，符合企业的发展需要。

办公环境是直接或者间接作用于和影响办公过程的各种因素的综合，良好的办公室环境布置能创造舒适而又工作效率高的氛围，塑造良好的形象。办公环境的设计更需要考虑到人们的情感，照顾人们的心理、生理需求（图6-8～图6-11）。

办公室环境可划分为硬环境和软环境，硬环境包括办公处所，建筑设计，室内空气、光线、颜色，办公设备及办公室的布置等外在客观条件；软环境包括工作气氛、工作人员的个人素养、团体凝聚力

图6-8 办公环境（一）

图6-9 办公环境（二）

图 6-10　办公环境（三）

图 6-11　办公环境（四）

等社会方面的环境。布置办公环境应遵循以下原则。

1. 协调、舒适

协调、舒适是办公室布置的一项基本原则。这里所讲的协调，是指办公室的布置和办公人员之间配合得当；舒适，即人们在布置合理的办公场所中工作时，身体各方面觉得比较舒适，工作比较称心。

协调的内涵是物质环境与工作要求的协调。它包括办公室内设备的空间分布、墙壁的颜色、室内光线、空间的大小等与工作特点性质相协调；人与工作安排的协调；人与人之间的协调，包括工作人员个体、志趣、利益的协调及上级与下级的工作协调等。只有各方面的因素都能协调好，在办公室工作的人才会觉得舒适，这也有利于提高团体的工作效率与团队的合作。

2. 便于监督

监督是对工作人员的工作进行监督与督导。它分为自我监督、内部监督及外部监督。办公室的布置必须有利于监督，特别要有利于工作人员的自我监督与内部监督。

办公室的布置要适应自我监督的需要。所谓自我监督，就是进行自我约束和控制，自觉地遵守相关的规章制度，要有很强的自制能力，自觉地做好自己的本职工作。办公室的布置还要适应内部监督的特点和需要。

办公室是一个集体工作的场所，上下级之间、同事之间既需要沟通，也需要相互监督。每个人的特长和缺点不同，在工作中不能及时纠正就可能会影响到工作的进程，因此办公室的布置必须有利于在工作中相互监督、相互提醒，从而把工作中的失误减少到最低程度，把工作做得更好。

3. 有利于沟通

沟通是人与人之间思想、信息的传达和交换。通过这种信息传达和交换，使人们在目标、信念、意志、兴趣、情绪、情感等方面达到理解、协调一致。沟通是心灵的窗口，所以沟通对于人类来说是十分重要的。办公室作为一个工作系统，必须保证充分的沟通，才能实现信息及时有效地流转和传递；系统内各因子、各环节才能动作协调地运行。在办公室内也要经常地进行必要的有效的沟通，这不仅能提高工作的效率，而且能够促进员工之间的情

4. 整洁、卫生

整洁、卫生包括两个含义：一是办公用品的整齐有序，二是室内的干净卫生。这两方面是相互联系和影响的。**整洁是指办公室的布置合理、整齐清洁。**所以安置办公设备时，要节省空间，以使室内有较大的活动场地；办公桌与文件柜的相对位置也很讲究，一般情况下，文件柜应位于办公桌后方，伸手可及；桌上物品应分类摆放，整齐有序。电话机应放在办公桌的右上角，以方便接听。**卫生是办公室环境的重要内容之一，办公室内的垃圾要及时清理，时刻保持办公室各方面的清洁。**

二、办公室环境的内容

1. 地理环境

办公室选在良好的地理环境中，不仅可以凭借优越的自然位置节省绿化、交通等的费用，方便员工的出行；更重要的是能够促进工作人员的身心健康，提高工作的效率。

（1）环境尽量优美。

办公室宜选在环境优美、空气清新、绿化程度比较高、噪声及其他污染少的地方，所以选址要尽量远离矿产企业和闹市区。优美的环境可以使人心情舒畅，空气清新也使人觉得舒适，从而提高工作效率，良好的工作环境也能更好地留住人才。

（2）交通方便。

如果把办公室建在郊外，无疑会延长通勤距离和时间，增加交通负担，降低行政效率，也会给工作人员的家庭增加负担。

因此，在选址时应考虑设在公共汽车站点附近，以方便员工上下班的出行，也有利于和各个单位的联系，增进友谊。

（3）文化聚集地。

一般情况下，文化区比较安静，环境优美。更重要的是，文化区是科研、学校、书店等单位集中的地方，有着良好的文化氛围，有利于员工开展文化研究的工作。

在办公室选址时，一般很难做到十全十美，在实际操作中往往会产生矛盾：环境优美却远离市区；交通方便又过分喧闹。这就需要综合各方面的因素，加以分析比较，然后择优而定。这就要求在选择的时候，要做好充分的调查工作，择优选择。

2. 光环境

光环境对办公室的工作人员来说，是非常重要的。办公室内要有适当的照明设施，以保护工作人员的视力。如果长期在采光、照度不足的场所工作，很容易引起视觉疲劳，这不仅会影响工作的效率，久而久之还会造成员工的视力下降，而且会影响情绪。但亮度也不能太高，过高的亮度也会给员工的视力造成伤害。综上所述，采光和亮度适当的办公室能提升工作效率。这不仅有利于员工的身心健康，也有利于提高工作的效率。

员工办公和交流的方式，将直接决定办公室的结构类型。单元办公区有利于员工集中注意力，专注工作，而综合办公区集中办公，交流方便。因此，不同类型的办公场所其照明方案是不同的。一般用平均照度来衡量某一场所的明亮程度（表6-1）。

表 6-1　不同地方的平均照度

平均照度 /lx	场　所
1000 ～ 1500	制图室、设计室
500 ～ 800	高级主管人员办公室、会议室、一般办公室
300	大厅、地下室、茶水室、盥洗室
200	走道、储藏室、停车场

平均照度 (lx) = 流明 (lm) × 利用系数 × 维护系数 ÷ 面积

（1）利用系数。

照明设计要求必须有准确的利用系数，否则会有很大偏差。

影响利用系数大小的因素有以下几个：灯具的配光曲线、灯具的光输出比例、室内的反射系数（天花板、墙壁、工作桌面）、灯具排列。

（2）维护系数。

照明设计要考虑到灯具使用一年后的平均照度是否能维持标准，所以要考虑维护系数。影响维护系数的因素有以下几个：日光灯管的衰竭值、日光灯管及灯具黏附灰尘、P6 板老化或格栅铝片氧化等。

良好的办公室光环境应该是使人的生理和心理健康的节能高效的光环境，它包括对天然光的充分利用，人工光的合理设置与控制、协调，人工光对天然光环境的模拟等方面。现代城市快节奏的生活方式造成人们紧张的情绪和充满压力的状态。越来越多在办公室中办公的人，渴望追求工作环境中的人情味，因此，在办公室营造良好的光环境是十分重要的。

3. 氛围环境

和睦的气氛是指一种非排斥性的情感环境，它对工作的顺利开展十分重要。

如果办公室内部的气氛是紧张的、不和谐的，其成员彼此猜疑，乃至嫉恨，凡事相互推诿，其工作效率必然低下。良好的心境是建立办公室内部和睦气氛的最根本因素，它对办公室成员行为的影响是不可忽视的。情绪一旦产生，就会左右人的心境，影响人的行为活动，且持续时间长。而具有愉快心境的人，无论遇到什么事都能泰然处之，心境对人的身体健康也有明显的影响。因此，办公室成员应该善于调节自己的心情，克服消极情绪；努力使自己在任何情况下都能保持良好的心境，创造一个和睦的气氛，共同为公司的发展奉献出自己的力量（图 6-12）。

4. 声环境

办公室应该保持肃静、安宁，使工作人员聚精会神地从事工作。一般来说，在安静的场所工作，其效率往往会比较高；

图 6-12　办公休息区

在嘈杂的环境中处理问题，往往精力不集中，影响工作效率甚至造成判断失误。尤其是对复杂的脑力劳动，注意力需高度集中，而各种噪声往往造成人的情绪波动、思路中断，影响工作的正常进行。在办公室工作需要一个安静的环境，但安静并非是指绝对没有声音。因为一个人的听觉通道在完全没有刺激作用的情况下，会使人有一种恐惧感，产生不舒服的感觉，造成工作效率下降；声音环境应有一个理想的声强值。办公室的理想声强值为 20～30 dB，在这个声强范围内工作，会使人感到轻松愉快，精力充沛。

5. 人际环境

办公室内部良好的人际关系与工作效率密切相关。一个好的领导者，不仅要注意改善工作场所的物质环境，还要花较大的精力建立办公室内良好的人际关系。

（1）一致的目标。

目标是全体人员共同奋斗的方向，可激励大家奋发努力。只有目标一致，才能使大家同心同德，团结共事。

（2）统一的行动。

要使工作人员在既定的目标下，充分发挥个人的特长，彼此配合默契，必须有严格的规章制度、科学的管理，这样整个办公室才能呈现统一的行动状态。

（3）融洽的凝聚力。

凝聚力是指办公室成员之间的吸引力和相容程度。个人的许多心理需要，尤其是与工作有关的需要，例如信念与支持需要、归属需要等，如果能在办公室内得到满足，才可能使整个办公室的人团结一致去工作。好的人际环境可以使团队更好地工作，为社会和企业做贡献。

小/贴/士

办公环境对办公效率的影响

随着信息化的大发展，现在越来越多的企业忽略了办公室环境的管理，只注重生产的效率，但办公室是一个团体和部门工作的地方，其环境对于工作的开展也是十分重要的，因此要做好办公室的环境管理工作。办公室就是公司的窗口，是脑力劳动的场所，企业的创造性大都来源于该场所的工作人员创造性的发挥。因此，要重视个人环境兼顾集体空间，借以活跃人的思维，努力提高办公效率。从另一个方面来说，办公室也是企业的整体形象体现，一个完整、统一而美观的办公室形象，能增加客户的信任感，同时也能给员工以心理上的满足，提高工作的效率。所以加强对员工的办公室环境的管理和优化是企业迫于现实要做好的工作。

第三节
办公空间的人体工程学

一、办公桌

办公桌是工作人员进行业务活动和处理事务的基本平台，办公桌的宽度、深度、高度决定了工作人员的作业范围和姿势。办公桌的设计应该从人体工程学的原理出发，考虑人体基本尺度、肢体活动范围和运动规律，否则容易带来操作上的不便和造成工作疲劳，比如办公桌过高或者过低都会导致腰、肩的不适（图6-13）。

随着数字化办公方式的普及，计算机已成为很多办公空间的必备工具，设计办公桌时应考虑到计算机操作人员的需要，包括键盘、鼠标的位置，显示屏的角度以及其他输入、输出设备的配备。办公桌的单体作为开放式空间组合的基本单元，它不仅可以为个人提供独立的工作区域，还能实现现代办公所要求的人员组合，对空间的利用和提高是一种策略。对于一些特定场所和特定的办公方式，需要考虑个性化的办公设计，在符合人体工程学原理的基础上，根据环境和使用者的需求，适当调整常规尺度。

二、工作椅

工作椅是人在工作时所坐的椅子，人体工程学从理论上证明了人的站立姿势是自然的，而坐卧姿势改变了自然的状态。人在坐下时盆骨要向后方回转，同时脊椎

骨下端也会回转，脊椎骨如不能保持自然的S形，就会变成拱形，人的内脏不能得到自然平衡就会受到压迫，脊椎就要承受不合理的压力。因此，若要使人的脊椎回到自然放松的状态，就要借助一些辅助工具，这种辅助工具就是从人体工程学的角度定义的工作椅。

对椅子功能的评价，包括臀部对坐面的体压分布情况，坐面的高度、深度、曲面，坐面及靠背的倾斜角度等，是决定人的坐姿重心及舒适度的重要因素。

人体工程学关于椅子支持面条件的研究综合了多方面的实验结果，其中有三种形式：第一种是一般的办公用的椅子；第二种是一般的休息用的椅子；第三种是有头枕的休息椅。需要注意的是图6-14中表示的是倚靠椅子支持面的标准人体稳定姿势，而不是椅子的外形。

三、隔断

现代建筑内部开间的增大为创造集团式的办公格局提供了条件，设计者应利用可移动、可拆装的隔断灵活分隔空间，根据功能需要创造出相对封闭或开放的空间单元，以满足现代办公形式的灵活性需求。在处理隔断时要注意，不同高度的隔断由于对视线或者行为的不同程度的隔断，能以多种形式创造出具有独立感的工作空间。此外，隔断表面的材质感、透明度、体量、造型等，也会在一定程度上影响人们对空间独立性的感觉。除了分隔空间以外，还能作为小区域内的墙体，起到储物、隔音、引导流通的作用（图6-15）。

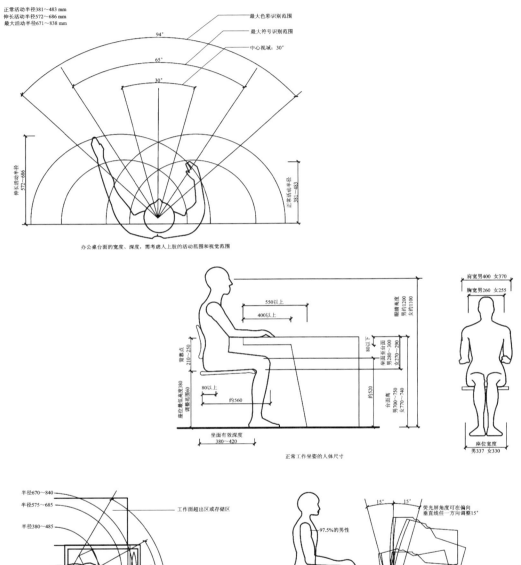

正常活动半径381～483 mm
伸长活动半径572～686 mm
最大活动半径671～838 mm

最大色彩识别范围
最大符号识别范围
中心视域：30°

办公桌台面的宽度、深度，需考虑人上肢的活动范围和视觉范围

正常工作坐姿的人体尺寸

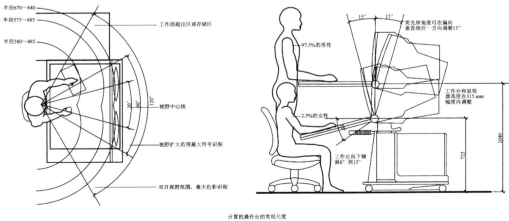

工作面超出区或存储区
视野中心线
视野扩大范围最大符号识别
双目视野范围，最大色彩识别

荧光屏角度可以偏向垂直线任一方向调整15°
97.5%的男性
2.5%的女性
工作台和显视器高度在315 mm幅度内调整
工作台向下倾斜0°到15°

计算机操作台的常用尺度

图6-13　办公桌及人体相关尺度

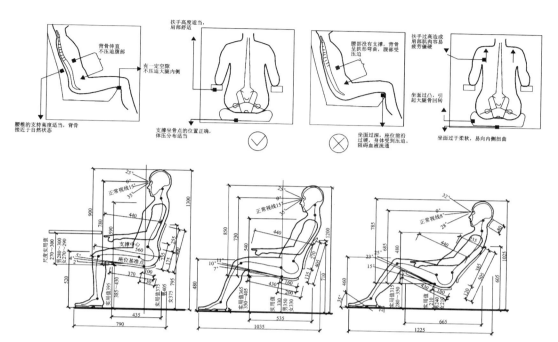

图 6-14　椅子功能及椅子支持面的标准形式

椅子放置区750　450~600　吊柜深度300

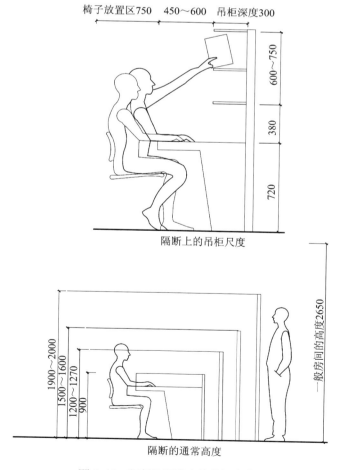

隔断上的吊柜尺度

隔断的通常高度

图 6-15　隔断及隔断上的吊柜高度

四、办公会议家具

在办公会议家具中，一般来说，圆形的会议桌和正方形的会议桌有利于营造平等的交流氛围。而长方形的会议桌、船形的会议桌比较适合区分与会者身份和显示与会者地位的会议。当长方形会议桌的纵向尺度过大时，会影响与会者的视线交流，而船形的会议桌更有利于与会者视线的交流，设计中应该根据空间的大小、形状合理安排会议桌的选型、尺度及座位容量。

在会议室的空间布局中，会议桌与座位以外四周的流通空间的安排应合理。根据人体工程学的原理，从会议桌边到墙面或者其他障碍物之间的距离不应小于 1220 mm，该尺度是与会者进入座位就座和离开座位通行的必备流通空间（图

6-16、图 6-17）。

五、办公工作单元

办公工作单元中的每个因素都要从更多相关人员的行为因素出发进行设计，使通行、办公、整理资料、接待等方面协调开展，充分发挥个人的主观能动性和创造性。现代办公格局的个性化需求越来越普遍，相对独立的中小型工作单元可为工作人员提供独立空间，使他们能在不受外界干扰的情况下工作、讨论、互相协调。针对一些工作方式比较灵活的机构，办公空间的规划应考虑弹性发展和重组的需要，在工作单元的设计上应采取便于组装、整合、分隔的空间组织形式（图 6-18）。

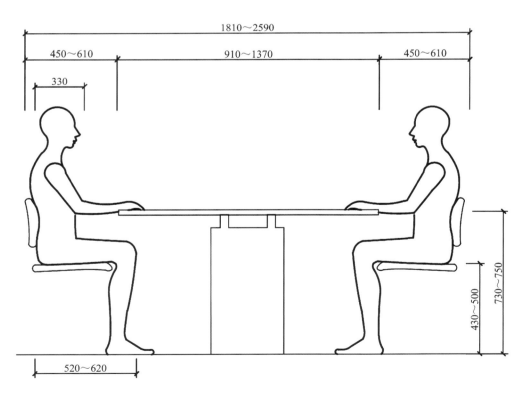

图 6-16 普通会议桌平面尺度

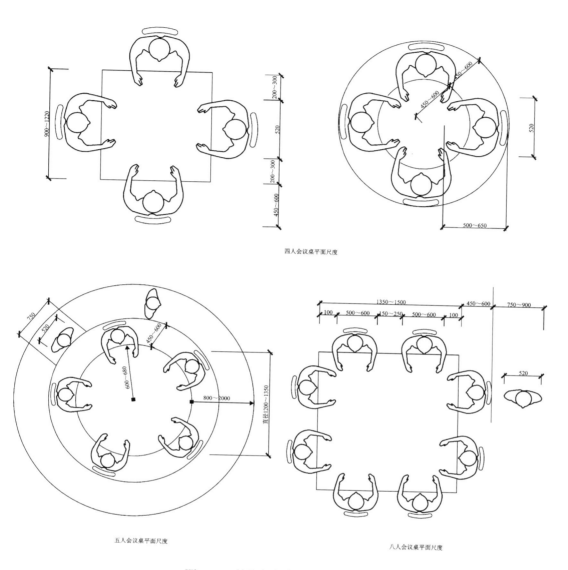

四人会议桌平面尺度

五人会议桌平面尺度

八人会议桌平面尺度

图 6-17　其他办公会议桌平面尺度

六、办公接待空间

很多机构为了展示自己的形象，将接待区作为空间设计的一个重点，形成对外的形象窗口。但不同属性的办公机构通常将面对不同的服务对象，设计者应充分研究并针对这些差异和特征进行空间的设计。接待对象不同，如儿童、坐轮椅的客人或是成年人，接待台的造型及尺寸就不同。接待过程中所需要的时间长短、等候人群的多少等，也是设计时要考虑的因素（图 6-19）。

为了满足人流流动及日常工作生活需要，空间中集体使用的主要电梯和楼梯都应设置在邻近工作空间处，以减少不必要的浪费，提高工作效率（图 6-20）。

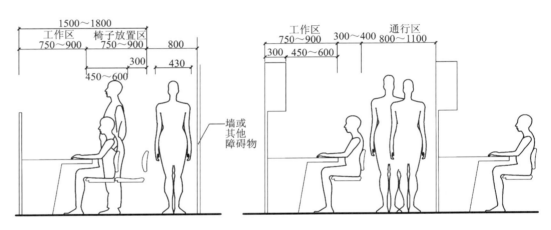

相邻工作单元的常用间距

可通行的工作单元应考虑行走所需的空间

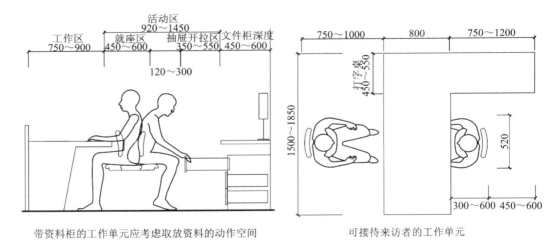

带资料柜的工作单元应考虑取放资料的动作空间　　　可接待来访者的工作单元

图6-18　办公工作单元

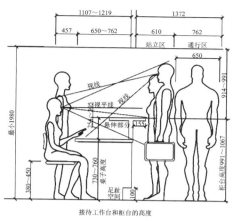

接待工作台和柜台的高度

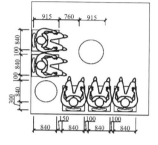 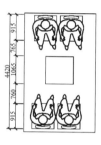 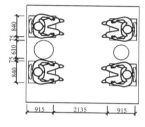 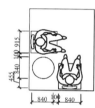

接待空间等候区的平面尺度

图 6-19　办公接待空间尺度

图 6-20　前台接待室

第四节
办公设计案例

一、绿色型办公室

总经理办公室设置在通风和采光最好的区域，黄色和绿色的沙发组合让空间活泼起来，不会显得过于压抑。由于空间面积相对较小，将接待室的墙面设计成开放式，既满足了不同场景的需求，也开阔了空间尺度（图 6-21、图 6-22）。

接待区域使用的木质圈椅和木质长桌，榆木本色使接待空间看起来更有诗意，椅背上精心雕刻的 logo 样式显示细节，提升品质。吊灯使用朴素的配色加几何形状的灯罩，给人温暖又带点禅意的感觉。植物盆景点缀在此，增添意境（图 6-23 ～图 6-25）。会议桌独特的订制造型、冷峻的灯光氛围，使得在正式的会晤中，气氛不会那么压抑。桌面设置的灯片，让会议桌成为独一无二的空间亮点。邻近过道选用大面魔法玻璃的设计，不仅拉伸了整个过道的空间尺度，在不通电的情况下，保证了会议环境的私密性（图 6-26、图6-27）。

图 6-21　绿色型办公室（一）　　　　图 6-22　绿色型办公室（二）

图 6-23　绿色型办公室（三）　图 6-24　绿色型办公室（四）　图 6-25　绿色型办公室（五）

图 6-26　绿色型办公室（六）　　　　图 6-27　绿色型办公室（七）

　　员工办公区域的盆景不是简单的堆放，而是有规律的布置，为员工带来一抹清新自然。另外，员工办公区设置在采光充足的位置，让员工在工作的时候拥有最佳的工作环境。气息温和的木质板与工业化的矩管搭配，冲击中又有和谐感。木质

的书柜让文化感提升，员工可以在工作疲劳时拿一本书翻阅，养精蓄锐（图 6-28～图 6-31）。

二、文化型办公室

　　用白色文化石和木饰面相结合的背景

图 6-28 绿色型办公室（八）

图 6-29 绿色型办公室（九）

图 6-30 绿色型办公室（十）

图 6-31 绿色型办公室（十一）

墙来展现出一种沉稳大方的气质，两边的玻璃隔墙由徽派建筑图案提炼而来，与背景墙虚实结合。接待台用黑色石材和白色亚克力透光片，犹如国画的泼墨与留白，色彩纯净，稳重端庄。采用全透明、全开放的设计理念，把办公楼的景观视野发挥到极致（图 6-32、图 6-33）。展厅前端配有大型的 LED 显示屏，侧面用木纹铝方通从墙面延伸至天花，结合灯光运用，符合中式空间的美感需要，让整体的风格协调统一。地面的木地板以及订制的地毯和天花互相呼应，天花悬挂八盏订制水晶吊灯，突出公司的视觉形象，塑造出大气磅礴、低调奢华的氛围（图 6-34、图 6-35）。

经理办公室用简洁硬朗的线条和大块

面的冷暖色彩对比，银灰色的麻布、咖啡色木饰面、棕色的地毯、黑色不锈钢等材料的运用，让传统与现代完美契合，深厚沉稳。中式家具和古典字画的搭配更让空间充满文化内涵（图 6-36）。用灰色的涂料在墙面上勾勒出山峦起伏的山脊线，与圆形的中国画、白色鹅卵石和绿色植物相搭配，刻画出意境深远悠长，清雅别致的禅意景象（图 6-37）。开放办公区局部使用吊顶，增加空间的通透感，其余保留原来的结构，喷灰色漆，提升了空间高度，地面采用两色相间的地毯增加了空间层次感，墙面的编织墙纸和黑色的不锈钢对比，塑造出静谧而又高效的办公空间（图 6-38）。

图 6-32 文化型办公室（一）

图 6-33 文化型办公室（二）

图 6-34 文化型办公室（三）

图 6-35 文化型办公室（四）

图 6-36 文化型办公室（五）

图 6-37 文化型办公室（六）

图 6-38 文化型办公室（七）

本 / 章 / 小 / 结

　　本章探讨了人体工程学在办公空间设计中的运用。人作为设计的中心，决定着办公空间的布局、环境与摆设。现代设计十分多元，无论是色彩、造型还是材料都非常丰富，但是设计归根到底是为人服务的。因此，在设计中要提倡人性化设计、以人为本，通过设计引导人们树立健康的生活和工作方式。另外，在家具搭配上，力求做到和谐，分类摆设，使空间条理化、秩序化，从而起到优化室内环境的作用。

思考与练习

1. 领导办公室设计的特点是什么?

2. 为什么要布置办公室环境?

3. 办公室环境布置应遵循什么原则?

4. 办公空间设计隔断的作用是什么?

学习难度：★★☆☆☆

重点概念：展示空间设计　定位　流线

章节
导读

展示设计是以科学技术和艺术为设计手段，并利用传统的或现代的媒体对展示环境进行系统的策划、创意设计及实施的过程。展示行为的根源是满足人类社会交往和沟通的需求，在展示设计中，人体工程学的各种尺度是确定各种空间设计和占据设计的基础依据。运用人体工程学的知识对尺度空间进行控制，可以使光照、色彩等的效果更好地适应人的视觉，产生特定的心理效果。

第一节
展示空间基本知识

展示设计是一种人为环境的创造，空间规划是展示设计中的核心要素。所以，在对空间设计进行探讨之前首先明确空间的概念是非常必要的。展示艺术是实用性较强的艺术，任何一个展示设计都是为了某种目的去组织元素，从而使之成为一个整体。

一、展示空间构成

在展厅设计中，从展示空间的功能来考虑，**其展示空间的构成主要有序列式空间构成、组合式空间构成等形式。**

1. 序列式空间构成

序列式空间是由入口、展厅、展示陈

列室空间以及互动空间按顺序所构成的展示空间。其设计应前后顺序分明，空间组织结构严谨、庄重、严肃，时序逻辑较强。这种空间构成形式适宜以纪念性、历史性为主题的内容的展示（图7-1）。

2. 组合式空间构成

组合式空间构成是指各个分馆、展位之间组合随意，走线自由，无主次先后之分，使观众产生舒适轻松、自由惬意的感觉。这种类型的空间形式适合具有自由选择、积极参加、充分观览特点的贸易性展览交易会等的展示（图7-2）。

二、展厅设计分类

展示设计一般分为销售展示设计、室外标志设计、博览会设计。

1. 销售展示设计

销售展示设计主要指店铺的展示陈列，运用于各类商场、商店、饭店、宾馆、酒吧、画廊等，通过对展示空间进行设计和规划，综合展示道具及照明、色彩的设计，达到突出商品、传递商品信息、促进商品销售、取得经济效益的目的（图7-3、图7-4）。

2. 室外标志设计

设计室外标志时应考虑远距离观看的可读性、昼夜双重效果及设置的安全性，霓虹标志、壁面标志、标志板、室外广告、诱导标志等都是室外标志（图7-5）。

3. 博览会设计

博览会是超大型的展示及信息传达场所，会场一般分为导向标志地带、主题馆、

图7-1　纪念馆

图7-2　隔断宴会厅

图7-3　展板销售

图7-4　珠宝展柜

图 7-5 霓虹标志

公共团体馆、民间企业馆、外国馆、公共广场和游园地等。另外也有单一产业领域的博览会，规模相对较小，包括艺术展览、博物馆展览、商贸展销会、博览会、展览中心等（图 7-6～图 7-9）。

　　展示设计的最终目的是向观众传达信息，因此，人的因素应贯穿于整个展示设计的各个方面。许多展示采用交流设计，激发人们的好奇心，调动观众的参与意识，使被动地接受变为积极地探寻，根据观众的心理特点和行为的差异进行目标分析，从而确定设计的目标，如采用有奖问答、自主操作、发放宣传品等方法，提高传达的实效。

第二节
展示空间设计的环境因素

一、展示设计中的视觉要素

1. 视距

视距是指观者眼睛到展示物之间的距离，正常视距一般要求为展品高度的 1.5～

图 7-6 展会

图 7-7 服装交流会

图 7-8 博物馆展览

图 7-9 电子展

2倍（表7-1）。展品陈列的设计必须考虑这个因素，不能故意制造障碍使观众远离而无法看清展品，但是也要保持观众对展品的适当距离，这样，不仅可取得较好的视觉效果，也是对展品的一种保护，一些贵重展品还可以用玻璃罩进行保护。

2. 视错觉

由于人眼的特殊生理构造，所得到的视觉感受不可避免的和实际情况存在一些差异，比如长短错觉、弯曲错觉、大小错觉等。人对世界的感知觉大部分是依靠视觉，设计时可以利用视错觉，将原本客观存在的展品进行陈列设计，让人看到不一样的展示效果（图7-10）。

3. 照明与颜色

人的眼睛对展品的反应会根据颜色和照明的变化而做出适当的调整，但这种调整是有一定限度的，在照明强烈变化的时候，人的瞳孔会做出相应的调整，但需要一定的时间。展示空间的照明设计要考虑到眼睛对光的适应性，使用柔和的光线，这样会让眼睛感觉很舒服，避免光线对比强烈造成人眼的不适。同样，人眼也会受到不同的颜色刺激，甚至会因颜色的强烈刺激而影响到人对色彩的正确判断。设计中不能全部使用大红大绿的颜色，适当加入一些中性的稳定的颜色，让人眼感觉到舒适，得到放松（图7-11～图7-13）。

二、展示设计中的尺度要素

展示空间是指陈列展品、模型、图片与音响的空间，还包括放置展具、音响设备进行演示、表演、接洽等所需的空间场所。 展示中的基本尺度包括陈列密度和陈列高度（图7-14）。陈列密度直接影响人的视觉感受和心理感受，在展示空间中，陈列密度为30%～60%时较为合适，超过60%时就会显得拥挤和堵塞。陈列高度是指展品或板面与参与者视线的相对位置，陈列高度根据人的标准身高、展板和隔断墙的高度设定，如果按照我国人体平均测量高度168 cm计算，视高约为152 cm，以此高度上下浮动，112～172 cm的陈列高度被视为黄金区域，可作为重点陈列区（表7-2）。

表7-1 视距和展品高度之间的关系表

展品性质	展品高度 D/mm	视距 H/mm	H/D
展板	600	1000	1.7
	1000	1500	1.5
	1500	2000	1.3
	2000	2500	1.25
	3000	3000	1.0
	5000	4000	0.8
立柜内陈列展品	1800	400	0.2
平柜内陈列展品	1200	200	0.17
中型实物	2000	1000	0.5
大型实物	5000	2000	0.4

图 7-10 视错觉

图 7-11 美术馆照明

图 7-12 灯光虚拟海洋环境

图 7-13 色彩缤纷的展示空间

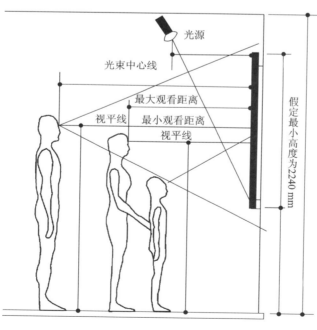

图 7-14 陈列高度

表7-2 普通营业厅内通道最小净宽度

通道位置		最小净宽度/m
通道在柜台与墙面或者陈列窗之间		2.20
通道在两个平等柜台之间	每个柜台长度小于7.5 m	2.20
	一个柜台长度小于7.5 m，另一个柜台长度为7.5～15 m	3.00
	每个柜台长度为7.5～15 m	3.70
	每个柜台长度大于15 m	4.00

一般建筑结构尺度：展厅净高最小不低于4 m，台阶踏步的高度与深度尺寸的比例合适，计算公式为：高 ×2+ 深=63 cm。在设计时必须考虑到弱势群体的观展需求，进行无障碍设计，为他们提供方便。

三、展厅设计空间类型

展厅设计空间的类型有很多，空间的形态各有千秋，比较**常见的有结构空间、地台与抬升空间、虚拟与虚幻空间、开敞空间、封闭空间、动态空间、静态空间、共享空间这八种类型。**

1. 结构空间

结构空间是指通过对结构外露部分做出具有强烈的形式感的设计，比如空间交错，从而形成一种具有象征意义的空间形式，是综合运用结构构思和营造技艺所形成的具有空间美的环境（图7-15）。

图7-15 交错空间

2. 地台与抬升空间

地台空间是指室内地面局部抬高，抬高地面的边缘分出的空间称为地台空间。地面升高形成一个台座，和周围空间相比十分醒目（图7-16、图7-17）。

3. 虚拟与虚幻空间

虚拟空间也可以称为心理空间，因为展示的虚拟空间范围没有十分完备的隔离形态，较强的限定度严重缺乏，依赖形态和色彩的启示，是依靠视错觉和联想来划定的空间（图7-18、图7-19）。

4. 开敞空间

展示空间开敞的程度取决于有无侧界面、侧界面的围合程度、开洞的大小及启闭的控制能力。开敞空间和同样面积的封闭空间相比，显得大些，给人的感受更为开放、活跃、流动感强，是现代展示空间设计的常用形式（图7-20）。

5. 封闭空间

封闭空间是用限定的高度把实体圈起来，空间隔离性强（图7-21）。

6. 动态空间

展示设计的动态空间能让人们从动态的角度来观察周围的事物，将人带到一个空间和时间相组合的"四维空间"里去（图7-22）。

7.静态空间

静态空间相对来说形式比较稳定、空间封闭、结构单一，采用对称或垂直的水平面处理方式（图7-23）。

8.共享空间

丰富多彩的环境、别出心裁的手法，将展示空间设计得光怪陆离（图7-24）。

127

图7-16　地台空间

图7-17　抬升空间

图7-18　虚拟空间

图7-19　虚幻空间

图7-20　开敞空间

图7-21　封闭空间

图7-22　动态空间

图 7-23　静态空间

图 7-24　共享空间

128

四、展示空间特性

展示艺术与空间密不可分，甚至可以说展示艺术就是对空间的组织利用艺术。"空间"这个概念贯穿于展示设计的概念、展示设计的本质与特征、展示设计的范畴以及展示设计的程序（图 7-25、图 7-26）。

1. 空间的两重性

空间这个概念有着相对和绝对的两重性，空间的大小、形状被其围护物和其自身应具有的功能形式所决定，同时空间也决定着围护物的形式。"有形"的围护物使"无形"的空间成为有形的，离开了围护物，空间就成为概念中的"空间"，无法被感知；"无形"的空间赋予"有形"的围护物以实际的意义，没有空间的存在，那围护物也就失去了存在的价值。对于空间及其围护物之间的辩证关系，早在两千多年前，老子就曾做过精辟的论述："埏埴以为器，当其无，有器之用。凿户牖以为室，当其无，有室之用。故有之以为利，无之以为用。"

2. 空间的时间性

时间始终和空间联系在一起，任何空间都不能离开时间独立存在，离开时间单谈空间是无趣的且没有意义的。自爱因斯坦提出相对论以后，人们对空间有了更深入的了解，知道了空间和时间是一个东西的不同表达方式。人们在展示环境中对展品的观赏，必然是一种动态的观赏，时间就是动态的诠释方式。从一个空间进入另一个空间，没有时间就无法展开有意义的活动，人们对空间的体验实际上是一种行为的过程，它依赖于事件的连续性和人对事件的认知与记忆。空间的时间性在展示设计中是一个客观存在的因素，充分运用

图 7-25　橱窗展示

图 7-26　商场展示

时间的特性创造动态空间形式，是为展示设计创造流动之美的根本。

3. 空间的流动性

在展示环境中，空间具有流动性是必然的，是由展示空间的功能特点决定的。展示空间是一门空间与场地规划的艺术，是在特定的空间范围内用一定的表现手段向观众传达信息，它使观众犹如置身于一个巨大的艺术雕刻中，用陈列手法的动态表现，加上有意识的引导，使观众在三维空间中体验时空产生的第四维效应。

4. 空间的四维时空性

"时"与"空"是一个不可分割的统一体，展示空间是时间与三维空间的高度集合。受众在展示场所可视、可闻、可触、可感，全方位地去参与、去感受，并由此构成体验展示目的的行为过程。可以说，离开一定的时间，人们就无法全面认知和感受展示空间。

5. 空间组合的多样性

展示功能的多元性，展示范畴的丰富性，展示性质的差异性，展示场所的特殊性以及展示结构方式的灵活性决定了展示空间绝不是一个单一的空间形式。展示形态中对点、线、面、体的运用，对几何形态的拆分与组合，对道具材质的充分利用，对灯光与装饰的辅助设计，对陈列手法的多样化运用等促成了展示空间组合形式的多样性。

6. 空间的开放性

展示陈列本身就是面向公众的开放之举，用以促进主客双方信息的沟通和意向的一致。展示陈列空间的设计以最大限度地满足受众的需求为目的，为其创造最佳

受信和传信环境，为大量信息提供最优传播场所。

<h2 style="text-align:center">第三节
展示流线</h2>

流线是在展示设计中经常使用的一个基本概念，俗称动线，是指人们活动的路线。 空间与通道之间的拓扑关系在展示流线设计中可用于辅助设计，有助于设计师快速地设计出合理的流线，以及检验并排除掉不可实现的设计方案。

一、陈列的动态流线

陈列的动态流线是指通过展品在展示空间中的陈列位置与方向路线的安排及设置，有目的地引导观众在展示陈列空间中参观行走。由于人们通常会按展品陈列要素的视觉强弱顺序渐进式地参观行走，因此，陈列动线也可以理解为参观的动线。动线一般有口袋式、通道式、单线连续式、自由式等（图7-27）。

1. 陈列动线设计原则及方法

动线规划的最主要原则是利用流动，除此之外，应根据展示陈列的内容来确定

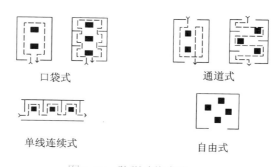

图7-27　陈列动线类型

动线走向，充分考虑建筑空间的既有特性与局限性，尽量使两者协调一致，必须将空间的规划与场地分割、动线与平面计划的拟定、整体与局部空间的构成同步展开。动线设计还应该考虑：长度的适宜、曲直的结合、角度的处理、宽窄的变化、回路设置、变化和有序。

2. 陈列的引导与优化

展示陈列动线的设定必须根据展示陈列的主题、结构顺序和功能等来考虑。理想的动线应具有明确的顺序性和便捷的构成形式，既能使参观者按顺序遍观整个展览，又可以让人们的视点集中于某个陈列焦点，尽量避免参观者相互对流或重复穿行。防止漏看和重看，以免产生疲劳和浪费时间。一般而言，参观动线的方向是按视觉习惯，从左到右按顺时针方向延展的，在对展品进行陈列时也要遵循相应原则，如果时左时右，就容易让人产生混乱无序的感觉。

二、展厅参观流线

明确展览的功能流线，确定好展区面积及各功能区面积，方便工作人员的布展，提高安装与拆卸的工作时效，合理安排观众的活动场所。考虑观众流量的大小，对参展路线进行合理规划，合理布置展品，减少人流的交叉，避免人流量较大时出现拥挤和堵塞。一般有以下几种参观流线。

1. 串联空间式

流线紧凑，方向单一，简洁明确，流程不重复、不逆行、不交叉，但路线不够灵活，人多易拥挤，不利于展厅单独开放。

2. 放射式

参观路线简洁紧凑，使用灵活，各个陈列空间可单独开放，但参观路线不明确，路线迂回交叉，易产生停滞不前的现象。

3. 串联兼通道式

陈列空间直接贯通连接，也可经通道连接，机动灵活、适应性强，但加大面积、增加造价、占地偏多。

4. 放射兼串联式

空间组织紧凑，适应性强，但易出现通风、采光问题，人流量较大时易出现拥挤与混乱。

5. 综合性大厅式

环境开敞通透、使用机动灵活、空间利用紧凑、流动方向自然，但需要人工照明和机械通风。

第四节
展示设计案例

一、Home 商店

Home 商店是一个像家一样的地方，同时又是一个梦幻的空间。设计师以纯粹的元素创造出了一种独特的展示方式，通过与钢管的对比突出产品，钢管结构继承了照明和衣架的功能，天花、部分墙面和家具的黑颜色突出强调了照明系统，并达成与表面覆盖树脂的地板和左墙的平衡。店内每个元素都极富设计感，同时强调对展品的展示，使 Home 成为独一无二的商店（图 7-28、图 7-29）。

图 7-28　Home 商店（一）

图 7-29　Home 商店（二）

二、首都博物馆

北京首都博物馆大厅以钢结构造型为主，采用大规格型钢构筑基础，主要墙面挂贴灰色花岗岩，塑造出古典建筑中的砖墙造型，砖墙又与钢化玻璃、不锈钢等现代工业材料相搭配，反映出博物馆的展示内容兼容古今（图 7-30）。大厅内硕大的椭圆形青铜展馆墙体构造穿透外墙，外挂深绿色大理石，并配置浮雕，模拟青铜器形体，进一步充实了大厅的材料品种与构造样式（图 7-31）。

走廊墙面采用木饰面板材装饰，在灯光与阳光的照射下提升了空间色彩的纯度（图 7-32）。立柱呈倾斜状通过空间更富有动感，立柱、吊顶表面涂饰白色乳胶漆，木质饰面台柜与墙体造型能稳住空间（图 7-33）。展厅入口处墙面铺装木纹饰面板，并将板材切割成长条形，突显出

传统、自然的氛围。金属标识、向导牌与木质纹理形成鲜明对比，又增添了一丝现代感（图 7-34）。

三、上海博物馆

上海博物馆是一座大型的中国古代艺术博物馆，造型设计为上圆下方，寓意为"天圆地方"。从远处眺望上海博物馆，圆形屋顶加上拱门的上部弧线，整座建筑宛如一尊中国古代的青铜器。上海博物馆的平面布局，分开放区、库房区、学术区、科研区、管理区、设备区 6 个区域，现开设 12 个专题陈列室，展示的珍贵文物以青铜器、陶瓷器、书画为主，此外尚有钱币、玉器、雕塑、玺印、少数民族工艺品等，以展示珍贵文物为主（图 7-35 ～图 7-42）。

图 7-30　墙面造型

图 7-31　大厅构造

132

图 7-32　共享大厅　　　　　　图 7-33　展馆走道　　　　　　图 7-34　展厅入口

图 7-35　博物馆主建筑　　　　　　　　　图 7-36　展台设计（一）

图 7-37　展台设计（二）　　　图 7-38　展品道具模型　　　图 7-39　某展厅民族地域展品展示

图 7-40　展柜设计（一）　　　图 7-41　展柜设计（二）　　　图 7-42　展柜设计（三）

本 / 章 / 小 / 结

　　本章分别介绍了展示设计的基本知识、展示空间设计的环境因素和展示流线三个部分的内容。展示活动在实现自身展示诉求的同时，更需要注意引导观众参与其中。这一诉求决定了展示空间设计的服务对象，并且需要满足人们视觉交流与信息交流的需求。在展示空间设计中，应注意充分考虑材料的大小、高低、轻重；展示陈列品与观众的关系；展示空间的设计尺寸与比例；动态与静态等因素。

思考与练习

1. 展示空间有哪些构成形式？

2. 展示空间设计中主要考虑哪些尺度？

3. 展示设计空间的类型有哪些？

4. 展示物品陈列的规律是什么？

第八章
人体工程学与景观设计

学习难度：★ ★ ☆ ☆ ☆

重点概念：景观空间设计　模糊性　人性化　公众参与意识

章节导读

景观设计是研究如何创造功能合理、舒适美观、符合人的生理要求和心理要求的室外环境的科学。从其概念上可以看出人体工程学和景观设计在思想和内容上有很多的共同点：都是研究人和环境；人与环境彼此相互依存，相互联系；人是环境的主角，环境是人的环境。人的一切活动都是为了满足人的生活和工作需要，因此人体工程学课程在环境艺术设计专业的学习中极其重要。

第一节
景观空间特性

一、景观空间边界

景观环境中空间模糊性的根源是人们对空间感受的模糊与人们思维的复杂性。行为心理学认为人们对环境的感知是模糊的，一方面户外景观环境承载了大量复杂的信息，例如交通、人流、声音等；另一方面，认知主体人是一个复杂变化的有机体，具有大量模糊性思维与复杂的心理需求。正是由于户外景观环境自身的复杂性与人个体感知的模糊性，导致了人们对于景观空间的感受是复杂、模糊、多义的。

景观环境中空间的模糊性体现在两个层面：一是景观空间边界的不确定性；二

是景观空间使用目的的复合性。景观空间边界的不确定性是指景观空间中的边界是模糊的，景观环境由于使用的公共性很少会有很封闭的空间，空间竖向边界多由景墙、景观柱或树池、花坛所组成，其边界是不连续、不完整的，而顶界面在室外环境中是很少存在的，多由廊架、花架、亭子及大树组成。

因而，景观空间边界对于空间的限定很弱，空间之间彼此渗透，景观空间内发生的行为是模糊混杂的。同一块场地可以有多种用途，比如一块空旷的场地既可以成为老人们晨练的场所也可以成为孩子们轮滑嬉戏的游乐场。同时发生在同一块场地上的行为也是相互混杂的，比如有的人观看、有的人闲聊、有的人锻炼，这些不同的行为能够同时存在于一个空间之内。

1. 亭廊空间

亭廊是户外景观环境中常见的用于游戏及休息的设施，亭廊除了具有给人们提供休息空间、遮风避雨的基本功能之外，还能有效地促进人们的户外交往和活动的开展。亭廊这种景观形式能够有效地实现空间的领域感，给予廊下的人们以依托与安全感，同时它的界面是通透不连续的，因而又为人们提供了良好的视野。亭廊空间既是交通停留空间也是交往空间，人们可以在亭廊下开展丰富的活动，如聊天、下棋、休息等（图8-1、图8-2）。

2. 庭院空间

景观环境中的庭院空间是指由景墙、绿化等所组成的围合或半围合的公共空间，具有较强的归属感与领域感（图8-3、图8-4）。庭院空间范围界定较明确，但不封闭，因而空间是渗透流动的。景观

图 8-1　亭廊（一）

图 8-2　亭廊（二）

图 8-3　庭院（一）

图 8-4　庭院（二）

环境中的庭院空间给人独特的轻松感，常常成为人们的集聚场所，成为场地中的视觉焦点。

景观环境中空间的界定方式很多，除了亭廊和庭院空间这两种比较常见的空间限定方式之外，一块下沉景观、一块不同的铺装或一个舞台，甚至几根石柱都能界定出一片空间领域，这种空间领域的边界是模糊、开放的，与周边环境相互渗透，吸引人群的聚集。例如，某场地内搭建了一个临时的舞台从而在其周边界定了一定的观赏区域，成为场地的焦点，吸引周围的人前来观看。

二、创造交往空间

人类社会是人们交往、交流的产物，人们渴望交往，渴望被社会理解，而景观环境场所则成为广大市民交往、交流的重要载体。一个城市的健康稳定与发展则更离不开人们的交往与交流，在景观环境设计中注重人性化的设计，丰富市民日常的户外生活，满足人们与人交流的环境需求，有助于创建和谐稳定的社会环境。

1. 发现景观环境中潜在的交往行为

不同的景观环境由于自身的特征可能发生的潜在交往行为不同。例如，市民广场中常见的交往行为是散步、聊天；某社区的景观环境中人们的潜在交往行为主要为打牌、下棋、聊天等；在商业性的景观活动空间中常见的潜在交往行为主要为现场签售、广告宣传与商业策划等；而在充

满文化性的景观环境中人们的潜在交往行为主要以文化活动、书法表演、绘画表演为主。所以，设计师必须针对不同景观环境自身的特点来研究其可能发生的潜在交往行为，总结规律，为下一步在景观环境设计中尽可能满足所有人的潜在交往行为需求打下坚实的基础。

2. 完善户外环境中的景观设施

坐凳、休憩亭廊、桌椅、文化长廊等可供市民休闲的景观设施的建设将影响市民的潜在交往行为，完善的户外景观设施能吸引更多的民众参与交往活动。因此，应注重户外环境中的景观设施的维修与完善工作（图8-5）。

3. 营造合理的流线系统

景观环境中流线系统的合理营造对于方便市民通行、保证市民的活动安全起到了很好的作用（图8-6）。在景观设计中除了增加大量的宅间绿地与活动场地，为小区内的居民开展各项户外交往活动创造条件，也要通过营造合理的流线系统来提升景观环境的品质。

图8-5　景观设施

图 8-6 流线

第二节
景观环境

一、景观环境的概念及组成

景观原是指自然风光、地面形态和风景画面。从环境学的角度出发，景观是由不同土地镶嵌组成的，具有明显视觉特性的地理实体，它处于生态系统之上大的地理区域下的中间尺度，兼具经济价值、生态价值和美学价值。**景观环境是指各类自然资源和人文景观资源所组成的，具有观赏价值、人文价值和生态价值的空间关系**。城市景观环境包含自然景观和人文景观，景观环境与每一种具体的景观相关，但又不完全从属于某一具体的景观要素，而是各种景观要素的空间关系的总和，景观环境是可以分解和移动的（图 8-7、图8-8）。

自然景观是指可见景物中，未曾受人类影响的部分。自从人类生活在地球表面以来，未受人类影响的景观，在适合人类生存的地域附近已经很少存在。自然景观的大致分类见表 8-1。

图 8-7 城市景观（一）

图 8-8 城市景观（二）

表 8-1 自然景观分类

自然景观	例子
地质景观	山岳形胜、喀斯特地貌景观、风沙地貌景观、海岸地貌景观、特异地貌景观等
水域景观	江河溪涧、湖泊、飞瀑流泉、冰川景观、风景海域等
生物景观	森林景观、草原景观、古树名木、奇花异草、珍禽异兽及其栖息地等
气象景观	大气降水、天象奇观、日月景观等

人文景观包含了一切人类在生产、生活活动中所创造的具有审美价值的对象，**狭义的人文景观主要指的是富有艺术感的建筑景观，广义的人文景观包含一切人工创造的具有社会历史文化内涵的景观**。人文景观大致分为五类（表8-2）。

城市景观是指城市建成区和城市外围环境的各种地物和地貌。城市景观直接反映一个城市的面貌及城市经济发展水平和环境保护意识。城市空间环境严整有序可体现城市景观的形式美，色彩是城市景观美的主要因素。密集的涂有色彩的建筑群，将构成一个城市的建筑风格和独特的城市风貌。和谐的灵魂是多样统一，自然环境、建筑、园林绿化、雕塑、壁画、广告等组成了一个相互关联、相互作用的复合体。各构成因素之间和各构成因素内部之间相互协调、有机结合，就形成了城市环境美

好的总体效果（图8-9、图8-10）。

二、景观环境的功能构成

一般来说，在进行景观设计时，既要做到亲身体验空间和介入现场，增强对周围环境的感受和理解，同时还要进行比较全面和细致的观察。目的是能够充分满足各类人群多方面的需求（图8-11～图8-13）。一般来说，景观环境的基本功能构成包括使用功能、精神功能、美化功能、安全功能等方面。

1. 使用功能

景观环境设施的使用功能，是景观环境功能构成中的首要方面。景观环境中的任何一种设施都是以能够满足人们特定的功能需求或具有一定的使用功能为前提的，否则景观设施将会失去它存在的价值。

表8-2　人文景观分类

人　文　景　观	例　　子
历史文化景观	建筑、古城墙、古庙宇等
产业观光景观	农场观光业、林场、花卉业、药材业等
田园聚落景观	山村、农舍、小镇、农田、果园等
工程设施景观	水库、堤坝、电站等工程设施
人文小品景观	字画、古玩、假山、喷泉、雕塑等

图8-9　城市景观（三）

图8-10　城市景观（四）

图 8-11　道路使用功能　　　　图 8-12　满足人们休息的功能　　　　图 8-13　美化环境功能

2. 精神功能

景观环境设计是一门极为复杂且综合性很强的学科，它不仅与自然科学和技术的问题相关，同时还要与人们的生活和社会文化非常紧密地联系在一起，景观环境设计是人类文化、艺术与历史发展的重要组成部分。人们对景观环境的精神需求，是建立在一定社会需要基础之上的产物。应根据人在某一处所中的情感需求、审美能力、文化水平、地域或民族特征等去进行分析和设计，应当使人们身处景观环境之中能够获得多方面的精神满足。

3. 美化功能

在景观环境设计中，应该将对于美化功能的体现首先纳入到重要的主导地位。其实，景观作品与欣赏者之间所发生的相互影响和相互转换的关系，主要表现为通过意境的表达给人以美的享受，并同时使人获取精神上的最大满足。景观环境设计中的最终审美目的，应当是在表现借物喻人的同时又能使人产生情景交融的精神享受。

4. 安全保护功能

从景观环境中的设计手法来讲，实现其保护功能所采取的主要方式有阻拦、半阻拦、劝阻、警示四种。其中，阻拦形式是对景观环境中人的行为和车辆的通行加以主动积极的控制。

三、景观环境与空间感受

1. 形态构成

对于景观环境来说，不论是某个单一的景观形态，还是整个城市的环境形态，都是由景观元素所构成的实体部分和空间部分来共同形成的。实体部分的构成元素主要包括建筑物、地面、水面、绿化、设施等，空间部分的构成元素主要包括空间界面、空间轮廓、空间线形、空间层次等（图8-14）。

2. 空间特点

景观环境中的空间，可能是相对独立的一个整体空间，也可能是一系列相互有联系的序列空间。在城市景观环境的空间特点上，空间的连续性和有序性占主导位置，是通过不同功能、不同面积、不同形态的各种空间相互交织，并形成的具有一定体系的空间序列。城市景观环境设计，主要是设计城市的公共空间，包括城市的街道景观、居住区景观、广场景观、绿化景观等（图8-15、图8-16）。

3. 景观环境的不断变化

景观环境其实是一个具有生命力的客

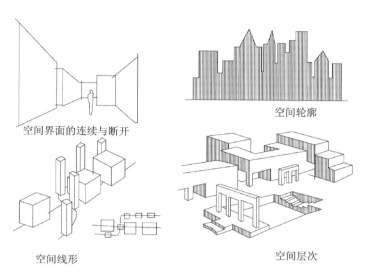

空间界面的连续与断开

空间轮廓

空间线形

空间层次

图 8-14　景观环境空间部分的构成元素

体，它始终处于不断生长、运动、变化之中。因此，景观环境设计应当融入空间和时间运动的思想观念。由于时效性，景观环境在自然的发展过程中，会随着时间的变化产生运动效果，不断更新，不断与时俱进（图 8-17）。

4. 空间界定

在景观环境设计中，如果从构成的角度来进行分析，景观环境是自身体量和外部空间之间的结合体。它们在不同的文化背景下，都可以表现出各自所界定的景观

体量与空间环境之间的联系，从而构成具有地域性的景观环境。

5. 空间尺度与心灵感受

在景观环境中，空间尺度就是指景观单元面积的大小，而时间尺度指的是其动态变化的时间间隔。人们感受空间的体验，主要是从与人体尺度相关的室内空间开始的。人们对空间的心理感受是一种综合性的心理活动，它不仅与空间的尺度和形状有关，而且还与空间中的光线、色彩及装饰效果有关。

图 8-15　广场景观

图 8-16　街道景观

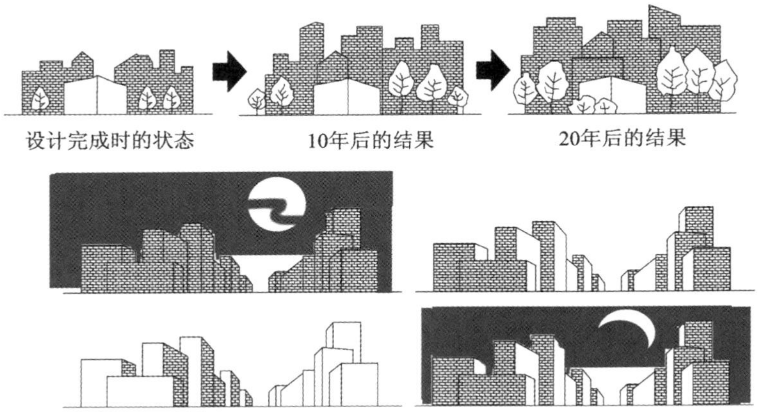

设计完成时的状态　　　10年后的结果　　　20年后的结果

时间与空间的变化

图 8-17　景观环境的时间与空间运动

小／贴／士

人的视觉范围

在正常的光照情况下,人眼距观察物体 25 m 时,可以观察到物体的细部;当距离 250～270 m 时,可以看清物体的轮廓;而到了 270～500 m 时,只能看到一些模糊的形象;远到 4000 m 时,则不能够看清物体。人眼的视角范围可形成一个变形的椭圆锥体,其水平方向视角为 140°,最大值为 180°,垂直方向视角为 130°,向上看比向下看约小 20°,分别是 55° 和 75°,而最敏感的区域视角只有 6°～7°。

四、景观环境设计特点

1. 并置

并置是环境设计中用来强调某一部分的重要手法,或是以并置的手法加强建筑某一部分的重要性,如建筑的入口以及形成或强调轴线等（图 8-18）。

2. 景框

景框的手法是中国传统园林景观设计中常用的手法,有扇形、菱形、梅花形、如意形等。各式各样的框景的门洞、窗、廊等构成了多样化的景框（图 8-19）。

3. 宏伟的底景

宏伟的底景是自古以来建筑家创造环境景观最常用的手法之一,如巴黎、莫斯科等文化古城,至今保留着城市中精心安排的宏伟场景。

4. 细腻的景观

在建筑布局和园林景观设计中,总体

图 8-18　并置

图 8-19　景框

的设计应与个别造型相结合，把握观赏的细节部位，细节部位的细腻表现让设计更突出（图 8-20）。

5. 围与透

围合的内院的景观建筑设计的特点之一就是围中有透，以"围"划分空间领域，以"透"引入外部环境景物，营造一种安静优雅的环境氛围。

6. 铺面

铺面材料的色彩、图案、质感应伴随着人的行走路线所处的空间环境而有所变化（图 8-21）。

7. 虚与实

虚与实作为景观造景中一种独特的方式，是尤为重要的。景观中的"实"，

是在空间范畴内真真实实存在的景观，是人们可以触碰到的真实的物体。景观中的"虚"，它没有固定的形态，不存在真实的物体，只能通过嗅觉、视觉等去感知。没有实景，虚景便没有存在的物质构架；没有虚景，实景就缺乏灵气，两者相互生济，不可或缺（图 8-22）。

图 8-20　景观细节

图 8-21　景观铺面

图 8-22　虚实结合

第三节
景观设计中的人性化

人们通常所说的人性化的景观环境是指应用人体工程学的有关原理，根据人体的尺度、心理空间以及人的行为特点所设计的户外空间环境。随着社会的发展和人们生活水平的日益提高，人们对景观环境的要求也不断变化。因此，景观环境的设计与建设也必须随之变化，不断提升自身的品质。人们的行为特征与景观环境的设置息息相关，不同年龄段的市民的行为特征存在很大的差异，所以，在设计公众性的空间时应特别注重人性化的景观设置。

一、影响人性化景观环境设计的因素

影响人性化景观环境设计的因素来源于以下三个方面。

1. 环境自身的特点

优美、清新的自然环境，即使不用怎么改造也会受到人们的青睐，而一个卫生条件差、大气污染严重的环境再怎么包装，人们也不会有好感。

2. 人的行为特点

不同的人对景观环境的要求不同，这就要求在景观环境的设计时应注重设计的多样性，以尽量满足所有人的行为需要。同一年龄段的人对景观环境的要求往往有着许多共同点。因此，在景观环境设计时还应注重定位的准确性，寻找到本场所主要面向的人群，使得景观环境的建设更具自身的特点。

3. 人在景观环境使用中的心理需求

精神生活是在满足物质生活基础上的更高层次的生活。因此，要想进一步提升景观环境的品质必须注重满足人们精神方面的需求，这是对景观环境设计提出的更高要求，也是今后景观环境设计的发展方向。

一个广场或者室外活动场所，如果没有民众的参与，会显得冷冷清清，毫无生气，而一旦有了广大民众的热情参与，就会变得热闹非凡，生气勃勃。所以景观环境的设计应尽可能满足所有市民的需求，体现人性化的景观环境设计与人文关怀，使景观环境场所永远生机勃勃，成为欢乐的海洋（图8-23、图8-24）。

图 8-23　广场

图 8-24　人们在广场上活动

二、人性化景观设计方式

1. 人性化尺度

人性化尺度主要是指在进行景观环境设计时，景观环境的空间尺度、心理距离尺度以及环境设施的尺度应以人体的尺度为标准，适合广大群众的行为活动与休息或者交流时身体的尺度，让人产生一种亲近感与舒适感。让人来过一次还想来第二次。景观环境中人性化的尺度不是一个不变的固定值，而是根据不同人体或者人群的尺度而不断发生变化的一个变量。经过长期的调查研究发现，景观空间间距 D 与两边建筑高度 H 的比值在 $1 \sim 2$ 时，空间的围合性较好，人的感受是舒适的；小于 1 的时候，人们会有压迫感、紧张感；大于 2 的时候，人们会感到空旷、孤独，甚至感到不安、恐惧。同时，根据研究发现，人均占地 $12 \sim 50\ m^2$ 时，人们彼此之间的活动不会受到干扰，适宜开展外部空间活动。常见的园林设施的一般尺度如表 8-3 所示。

表 8-3　常见园林设施尺度表

设　施	尺　寸	设　施	尺　寸
园椅（凳子）	坐板高度：0.35 ~ 0.45 m 椅面深度：0.4 ~ 0.6 m 靠背与坐板夹角：98° ~ 105° 靠背高度：0.35 ~ 0.65 m 座位高度：0.6 ~ 0.7 m	花架	跨度：2.25 ~ 3 m 柱距：3 m 高度：2.8 ~ 3.4 m 花架条间距：0.5 ~ 0.6 m
园桌	高度：0.7 ~ 0.8 m 桌面宽度：0.7 ~ 0.8 m	跷跷板	两人坐：长 2 m、高 0.2 m 四人坐：长 2.8 m、高 0.45 m
园墙	高度：2 ~ 3 m 墙厚：0.12 ~ 0.24 m	宣传牌	主要展面高：1.4 ~ 1.5 m
围栏	防护性栏杆：0.9 ~ 1.2 m 坐凳式栏杆：0.4 ~ 0.5 m 低栏杆：0.3 ~ 0.4 m	花镜	单面观赏：宽 2 ~ 4 m 双面观赏：宽 4 ~ 6 m
园路	主路宽度：3 ~ 4 m 次路宽度：2 ~ 3 m 游步道宽度：1 ~ 2 m	乒乓球台	2.74 m × 1.525 m × 0.76 m
踏步（台阶）	宽度：0.3 ~ 0.38 m 高度：0.1 ~ 0.15 m	羽毛球场	13.4 m × 6.1 m
		篮球场	28 m × 15 m
廊	长度：3 ~ 4 m 宽度：2 ~ 3 m 高度：3 m 左右	排球场	18 m × 9 m
		足球场	90 ~ 120 m × 45 ~ 90 m

园林设施中亭廊长度一般为 3～4 m，宽度为 2～3 m，高度一般控制在 3 m 左右，这样的尺度是比较适宜人们开展休憩活动的。如果某绿地中亭子尺度过大，远远超出了一般亭子的尺寸范围，更像是一栋大型的建筑，游客们更倾向在亭中开展集体健身而非一般亭中常见的停留、休憩行为。再如环境中的座椅、垃圾桶、灯具等环境小品，其长度与高度都应该根据人体尺度确定，过高、过低或过大、过小都会造成人们使用的不便。

2. 边界的处理

景观环境边界的处理有多种形式，可根据不同的需要设计不同的风格，也可根据环境本身的特点加以设计，使其美观大方、恰到好处。例如，可在景观环境的边界建造台阶、座椅、长亭等等。但是无论设计者怎么设计都必须按照同一宗旨：边界的设计应尽可能满足所有市民的需要，既被少年儿童喜爱，又能被中青年人群所接受，还能博得老年人休息时的好评。当然并不是一种设计或是健身器材能同时被所有人群所喜爱，可以是 A 设计（适合老年人）；而 B 设计是针对少年儿童的，C 设计是广大中青年所向往的。在整体设计中可按照一定的比例或者主题统一搭配，使之能恰到好处地满足各种群体的需求，达到最优的设计效果。往往景观环境的边界越丰富，边界上逗留的人也就越多（图 8-25～图 8-27）。

3. 路径设计

路径是人们到达目的地、游览环境、欣赏美景的重要载体，不仅仅是人们在活动场所内的交通通道，更是人们休闲活动的户外空间。因此，路径的设计既要注重便捷性，又要注重美观和游览性，要把二者很好地结合起来。景观环境中的人流路径类型有多种，交通与穿越行为是景观环境中目的性最强的人流类型，这种类型应注重便捷性与快速性。曲折弯曲的鹅卵石小路更受游览观光者的喜爱（图 8-28）。

在景观环境的人性化设计与建造中，应注重公众意识和民众参与。这能增强民众对于景观环境的认同感，提高民众的景观环境意识。针对环境设计模型和效果图交换意见是沟通过程中使用最多的方法，因为它可以最直观地表明设计者的意图和构想，也最利于民众理解与提出意见。倘若忽视对于公共行为的预测，则可能导致

图 8-25　小区路边

图 8-26　小区游泳池

图 8-27 健身区域 图 8-28 路径

与使用者行为相悖。充满人性与人文关怀是现代景观环境设计追求的目标。

例如，奥地利维也纳街头的水池，本身充满雕塑感与形式感，但更为重要的是人们能够与喷泉雕塑互动。炎热的夏日，人们可以在水池中嬉戏，这样的街头小品完全是开放的和可参与的，充满生气与活力，也是人们日常生活中的一部分，雕塑小品与参与者一起成为街头美丽的风景线。

公众意识最能体现在现代大城市的环境设计中，应根据人们新的生活方式与爱好进行环境设计，因而景观环境应是一个开放、公开、注重与人对话的户外空间形态，它以服务于人，方便人们使用为目的。

小/贴/士

人性化设计的重要性

景观设计应重视人与环境的关系，室外环境包括气温与湿度环境、光环境、声环境、振动环境、气味环境等，它们对人的生理、心理影响巨大，是环境艺术设计探讨的重要问题，人体工程学可为室外环境的设计提供有力的科学依据。

景观环境中最基础的、最实用的、必不可少的基础设施就是座椅，同时也是各类人群都需要的，是市民共同需求的公共设施。景观环境中座椅的设计应满足人的领域感、依托感以及个性化等心理需求。在景观环境中，座椅的长度至少为 160 cm，以满足至少容纳两人的需求，增加市民户外活动的时间与空间，体现景观环境的社会功能。另外，座椅设置还应满足人们的个体空间要求，例如座椅面对面放置，或太靠近，容易产生压迫感、局促感，一不小心对视也会使人们感到尴尬与不适；同时座椅还应有所倚靠，使人们可以观察到场地内其他人的活动，满足人们对于安全感的需要。

第四节
景观设计案例

一、花店绿化景观设计

那时花开的设计体现了兼容并蓄、虚实交叠的极简归本主义风格。设计师将中式建筑里通而不透的内敛纯净和欧式花园优雅美妙的气韵契合在花店里，非凡的设计让"那时花开"立在闹市中，依然有一派静谧温婉的高雅格调（图8-29～图8-36）。

二、住宅小区景观设计

小区的中轴线是视觉的绝对中心。细直的长堤，将不大的空间纵深延伸，形成强烈的视觉冲击效果。通过水体、地面将

三栋本来孤立的建筑很好地联系起来。人们走在上面可以欣赏到水中和两边景观的美景；从主入口台阶行进，眼前一片开阔的水面，浮在水面的是一条细直修长直通南北的长堤，让空间向远处延伸，水面上浮起一个晶莹剔透的凉亭，长堤旁有两排竹子，之后是极具东方色彩的月亮门景墙。小区突出现代格局中的东方园林风格（图8-37～图8-42）。

图 8-29 那时花开店（一）

图 8-30 那时花开店（二）

图 8-31 那时花开店（三）

图 8-32 那时花开店（四）

图 8-33 那时花开店（五）

图 8-34 那时花开店（六）

图 8-35 那时花开店（七）

图 8-36 那时花开店（八）

图 8-37 小区景观（一）

图 8-38 小区景观（二）

图 8-39 小区景观（三）

图 8-40 小区景观（四）

图 8-41 小区景观（五）

图 8-42 小区景观（六）

本 / 章 / 小 / 结

　　本章叙述了景观的空间特征及构成，随后分析了人的因素对景观设计的影响。景观设计不仅需要关注景观的美观性，还需要关注人造景观的环境空间是否能体现人文观念和生活需要。在设计中，应该注意性别、年龄等人的因素，以及温度、噪声、光线、粉尘、振动、气候等环境因素对设计的影响。

思考与练习

1. 景观空间具有什么特性？

2. 景观环境有什么功能?

3. 景观环境对人类生活有什么影响?

4. 影响人性化景观环境设计的因素有哪些?

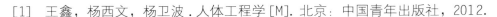

参考文献
References

152

[1] 王鑫，杨西文，杨卫波 . 人体工程学 [M]. 北京：中国青年出版社，2012.

[2] 田树涛 . 人体工程学 [M]. 北京：北京大学出版社，2012.

[3] 郭承波 . 中外室内设计简史 [M] . 北京：机械工业出版社，2007.

[4] 杨春青 . 人体工程学与设计应用 [M]. 北京：机械工业出版社，2012.

[5] 程瑞香 . 室内与家具设计人体工程学 [M]. 2 版 . 北京：化学工业出版社，2016.

[6] 李梦玲，邱裕 . 办公空间设计 [M]. 北京：清华大学出版社，2011.

[7] 丁玉兰 . 人机工程学 [M]. 4 版 . 北京：北京理工大学出版社，2016.

[8] 周锐 . 现代展示设计教程 [M]. 上海：同济大学出版社，2012.

[9] 黄信，周珏，栾黎荔 . 展示空间设计 [M]. 武汉：华中科技大学出版社，2014.

[10] 刘秉琨 . 环境人体工程学 [M]. 上海：上海人民美术出版社，2014.

后记
Postscript

现在人体工程学在生活中应用得越来越广泛了，在生活中的作用也越来越明显。人们应正视它的存在，利用这门学科好好地为社会作贡献，为民众的生活服务。人体工程学的概念告诉人们：真正的设计是要为人服务的。这种设计思想应贯穿于设计的始终。

人性化的设计是一种潮流趋势。在新的社会环境里，人们要用新的心态面对世界，因而各种空间设计也要随之发生变化，未来的人性化设计将是更加全面、立体的。人性化设计更是一种人文精神的体现，将人与产品完美结合是设计师的责任，也是对人的尊重和关心。

但是，生活中依然存在很多不符合人体工程学的例子，比如，现在手机屏幕越做越大，操作不方便，且抓拿不便，发信息时按久了手会酸，很不科学；有的楼梯台阶设计得太高，走起来很累，不合理；有的公交车上的扶手没有考虑到乘客的身高因素，全部设计为同一种高度，个子矮的乘客很难够着；每次牙膏要用完的时候，都需要费很大的劲才能将里边剩余的牙膏挤干净，非常不方便等。任何设计都与环境有关，包括社会、经济、政治在内的各种领域。人是生活在各种环境中的，任何单一的标准和唯一的形式都是不现实的，多样性的因素是时刻存在的，难以预测的变化是随时会发生的，人们追求的就是人与机器、人与环境的和谐。随着人类对自身特点的认识逐渐深化，各种机器和空间的设计都会以符合人体工程学，能满足人的生理、心理需求为最终目的。